高职高专系列规划教材

手机检测与维修实训指导书

董 兵 主编

北京邮电大学出版社
www.buptpress.com

内 容 简 介

本书是北京邮电大学出版社出版的高职高专教材《手机检测与维修》的配套实验、实训教材。其实训内容以教材《手机检测与维修》内容为主线，实训流程以企业手机检测与维修岗位培训流程为基础，本着对学生手机拆装技能、识图技巧、检测技术、故障分析与维修技能的培养，按流程编写了手机整机拆装、手机整机基本性能测试、手机元器件拆焊与焊接、手机元器件识别与测试、手机电路识图、手机信号测试、手机软件测试、手机软件故障维修等实训内容，共 17 个实训项目，并在每个实训项目中配有实训报告，以对学生实训质量进行量化管理。为方便读者学习和教师使用，在本书的附录中加了教材《手机检测与维修》每章的习题与参考答案。

本书可作为高职移动通信技术、通信技术、应用电子、电子自动化等电子控制类专业的实训教材或参考书，也可以供手机维修行业相关专业工程技术人员参考。

图书在版编目(CIP)数据

手机检测与维修实训指导书 / 董兵主编. -- 北京：北京邮电大学出版社，2013.6
ISBN 978-7-5635-3521-7

Ⅰ. ①手… Ⅱ. ①董… Ⅲ. ①移动电话机—检测—高等职业教育—教材 ②移动电话机—维修—高等职业教育—教材 Ⅳ. ①TN929.53

中国版本图书馆 CIP 数据核字（2013）第 117637 号

书　　　名：	手机检测与维修实训指导书
著作责任者：	董　兵
责 任 编 辑：	赵玉山
出 版 发 行：	北京邮电大学出版社
社　　　址：	北京市海淀区西土城路 10 号（邮编：100876）
发 行 部：	电话：010-62282185　传真：010-62283578
E-mail：	publish@bupt.edu.cn
经　　　销：	各地新华书店
印　　　刷：	北京联兴华印刷厂
开　　　本：	787 mm×1 092 mm
印　　　张：	5.25
字　　　数：	124 千字
印　　　数：	1—3 000 册
版　　　次：	2013 年 6 月第 1 版　2013 年 6 月第 1 次印刷

ISBN 978-7-5635-3521-7　　　　　　　　　　　　　　　　　　定　价：15.00 元

· 如有印装质量问题，请与北京邮电大学出版社发行部联系 ·

前言

本书是按照北京邮电大学出版社出版的高职高专教材《手机检测与维修》的实训内容为主线编写,并以手机检测与维修的流程对实训内容进行整合。主要包括手机整机拆装(实训项目一),手机整机基本性能测试(实训项目二),手机元器件拆焊与焊接(实训项目三、四、五),手机元器件识别与测试(实训项目六、七、八、九),手机电路识图(实训项目十、十一、十二),手机信号测试(实训项目十三、十四),手机软件测试(实训项目十五),手机软件故障维修(实训项目十六、十七)等。为便于读者学习,本书附录中加了教材《手机检测与维修》中各章的习题与参考答案。

本书的特点是:注重实训内容的操作性,将多项维修技能以实训的方式体现出来,增强学生的实操技能;注重与生产岗位的结合,增加了手机测试、手机软件维修等实训内容。

本书由广东轻工职业技术学院电子通信工程系老师董兵主编,陈岗、周伟勋、陈俊参编,由广东省职业技能鉴定指导中心移动通信专家组专家、广东捷讯技工学校副校长陈功全担任主审。在编写过程中,我们参考了其他作者的资料和手机生产厂家的资料,在此一并表示感谢。

为便于读者对实训内容的理解,我们将本书的各实训项目制成教学视频资料放在《移动终端技术与设备维修》精品课程网站上,以便下载。《移动终端技术与设备维修》精品课程网站访问地址:

教育网:http://jp.gdqy.edu.cn/2010/xiaoji/ydzdjs;

电信网:http://jp.gditc.cn/2010/xiaoji/ydzdjs/;

网通网:http://jpkc.gditc.cn/2010/xiaoji/ydzdjs/。

编 者

目 录

实训项目一　　手机整机拆装 …………………………………………………………… 1
实训项目二　　手机专用维修电源的操作与使用实训 …………………………………… 4
实训项目三　　手机贴片分立元器件的拆焊和焊接 ……………………………………… 7
实训项目四　　手机 SOP 和 QFP 封装 IC 的拆焊和焊接 ……………………………… 10
实训项目五　　手机 BGA 封装 IC 的拆焊和焊接 ……………………………………… 14
实训项目六　　电阻、电容、电感识别与检测实训 …………………………………… 17
实训项目七　　半导体元件的识别与检测实训 ………………………………………… 20
实训项目八　　手机集成电路识别与检测实训 ………………………………………… 23
实训项目九　　送话器、受话器和振铃器识别与检测实训 …………………………… 28
实训项目十　　手机开机电路识图实训 ………………………………………………… 31
实训项目十一　手机射频电路识图实训 ………………………………………………… 34
实训项目十二　手机接口电路识图实训 ………………………………………………… 36
实训项目十三　手机常见的电源电压信号测试实训 …………………………………… 38
实训项目十四　手机常见的信号和波形测试实训 ……………………………………… 40
实训项目十五　手机软件测试实训 ……………………………………………………… 42
实训项目十六　利用手机指令秘技维修手机故障实训 ………………………………… 44
实训项目十七　手机免拆机软件维修仪的操作与使用 ………………………………… 46
附录　　《手机检测与维修》习题及参考答案 ………………………………………… 52

实训项目一 手机整机拆装

　　手机整机的拆装技能是我们认识手机内部结构和元器件的第一步。由于手机的外壳一般采用薄壁 PC-ABS 工程塑料,它的强度有限,再加上手机外壳的机械结构各不相同,一般采用螺钉紧固、内卡扣、外卡扣的结构,所以对于手机的安装和拆卸,维修人员一定要心细,事先看清楚,在弄明白机械结构的基础上,再进行拆卸,否则极易损坏外壳。手机的拆卸和安装是手机维修的一项基本功,有些手机是易拆易装的。但也有不少手机,特别是一些新式手机和一些翻盖手机,有隐藏的螺丝固定,如果掌握不好拆装的窍门,很容易造成拆装损坏。本项目要求学生能熟练掌握手机整机的拆装方法,熟悉手机的内部结构,熟练使用手机拆装工具。

一、整机拆装工具的正确使用

　　(1) 螺丝刀

　　手机的螺丝大多用内六角螺丝钉。不同的手机有不同的规格,一般有 T5、T6、T7、T8 等几种,有些机型还装有特殊的螺丝钉,需要用专用的螺丝刀。如果选用不适当,就可能把螺丝钉的槽拧平,产生打滑的现象。

　　(2) 镊子

　　镊子是手机维修中经常使用的工具,常常用它夹持导线、元件及集成电路引脚等。

　　(3) 换壳或换屏拆装工具

　　拆机棒和拆机片是手机换壳或换屏的专用工具,作用是撬开手机连接处,而不会损坏手机机壳或显示屏。

二、手机整机拆装方法

1. 建立一个良好的工作环境

　　(1) 环境应简洁、明亮,无浮尘和烟雾,远离干扰源;

　　(2) 在工作台上铺一张起绝缘作用的厚橡胶片;

　　(3) 准备一个带有许多小抽屉的元器件架,可以分门别类地放置相应的配件;

　　(4) 应注意将所有仪器的地线都连接在一起,并良好地接地,以防止静电损伤接收机的 CMOS 电路;

　　(5) 要穿不易产生静电的工作服,并注意每次在拆机器前,都要用手触摸一下地线,把人体的静电放掉,以免静电击穿零部件。

2. 手机整机拆装的基本方法

　　(1) 手机带螺钉外壳的拆装

　　拆装方法较简便,注意要防止螺钉滑丝,否则既拆不开,又装不上。

（2）手机依靠卡扣装配的外壳拆装

在拆卸这类手机时要使用专用工具，否则会损坏机壳。带卡扣的不要硬撬，以免损坏卡扣。

（3）小心拆卸液晶显示屏

手机的体积小，结构紧凑，所以在拆卸时应十分小心，否则会损坏机壳和机内元器件及液晶显示屏等。显示屏为易损元件，尤其是折叠机，在更换液晶显示屏时更要小心慎重，以免损坏显示屏和灯板以及连接显示屏到主板的软连接排线。尤其注意显示屏上的软连接排线，不能折叠。对于显示屏，要轻取轻放，不能用力过大，不要用风枪吹屏幕，也不能用清洗液清洗屏幕，否则屏幕将不显示。

3. 诺基亚 N1116 手机的拆装练习

（1）现场拆机练习；

（2）现场装机练习。

4. 诺基亚 N1116 手机的拆装步骤

诺基亚 N1116 手机的拆装步骤具体如下：

（1）按住手机后盖下部的按钮，取下电池后盖，取出电池；

（2）若手机是卡扣装配的外壳，用专用工具取下前盖；

（3）拧下 6 个固定螺钉；

（4）取下固定屏幕的金属架和键盘定位板；

（5）用镊子轻轻拔出接插件 LCD 与主板的插头，并取下 LCD；

（6）取下主板，用镊子将天线和扬声器取出；

（7）将尾插和送话器从卡住的槽位退出；

（8）安装的步骤与拆卸步骤相反。

5. 注意事项

（1）预防静电干扰。

（2）养成良好的维修习惯，拆卸下的元器件要存放在专用元器件盒内，以免丢失。

（3）翻盖式和折叠式的手机都有磁控管类器件，换壳重装时，不要遗忘小磁铁，以免磁控管失控，造成手机无信号指示。

（4）重装前板与主板无屏蔽罩的手机时，切莫遗忘安装挡板（带挡板的以三星系列手机居多），以免手机加电时前后电路板元件短路，损坏手机。

三、手机整机拆装实训

1. 实训目的

熟练掌握手机整机的拆装方法；熟悉手机的内部结构；熟练使用手机拆装工具。

2. 实训器材与工作环境

（1）手机两类；

（2）手机维修平台一台、整机拆装工具一套；

（3）建立一个良好的工作环境。

3. 实训内容

（1）手机整机的拆卸；

（2）手机整机的安装。

4. 实训报告

根据实训内容,完成手机整机拆装实训报告。

实训报告一

手机整机拆装实训报告

实训地点			时间		实训成绩	
姓名		班级		学号	同组姓名	

实训目的	
实训器材与工作环境	

实训内容	第1款手机	第2款手机	第3款手机	第4款手机
手机颜色				
手机外形				
手机类别(翻盖、折叠、直板)				
手机型号				
电池容量				
电池标识				
显示屏类别				
IMEI码				
外壳拆装类别				
拆装所用工具				
拆装重点部位				
电路板数目				
有否有挡板				
螺钉数目				
手机部件数目(不包括螺钉)				
拆装难易程度				
用时				
详细写出某一款手机的拆装机顺序,并指出实训过程中遇到的问题及解决方法				
写出此次实训过程中的体会及感想,提出实训中存在的问题				
指导教师评语				

实训项目二　手机专用维修电源的操作与使用实训

一、手机正常时的工作电流

(1) 手机开机电流为 50~150 mA；
(2) 手机待机电流为 10~50 mA；
(3) 手机发射电流为 200~250 mA。

二、手机工作电流的一般流程

(1) 按开机键，背景灯亮，电流上升 50 mA 左右，电源开始工作；
(2) 再升到 150 mA 左右，时钟电路工作；
(3) 再升到 200~250 mA，发射电路工作，并找网络；
(4) 再回到 150 mA 左右，已找到网络，背景灯亮；
(5) 回到 10~50 mA，来回摆，背景灯灭，进入待机状态。

三、如何根据手机工作电流判别手机故障部位

(1) 在不按开机键的情况下，给手机加上电源后有 50 mA 左右的电流。
电源部分有元器件漏电。
排除方法：重点检查电源电解滤波电容。
(2) 按开机键时电流表无任何电流。
① 开机信号断路；
② 电源 IC 不工作。
排除方法：重点检查开机键。
(3) 按开机键时，电流大于 500 mA。
① 电源短路、电源滤波电容击穿短路；
② 功放元器件损坏。
排除方法：重点检查电源 IC 和功放元件。
(4) 按开机键时，有几十毫安的电流，然后回到零，手机不能开机。
① 若几十毫安的电流有轻微的摆动，时钟电路应基本正常，一般为软件故障；

② 若几十毫安的电流不摆动,可能是时钟电路故障;

③ 若有几十毫安的电流,但停留在这一电流值上不动,再按开关机键无反应,多数情况下为软件故障。

排除方法:重新加载软件;检查时钟电路。

④ 按开机键时,有 200 mA 左右电流,稍停一下,马上回到零,手机不能开机。

码片资料错乱引起软件不开机。

(5) 按开机键能开机,但待机状态时电流比正常情况大许多(大于 6 mA)。

排除方法:给手机加电,然后用手指去感觉哪一个元器件发热,将其更换,大多数情况下,可排除故障。

(6) 手机开机后,拨打电话,观察电流的反应。

① 若电流变化正常,则说明发射电路基本正常;

② 若无电流反应,则说明发射电路不工作;

③ 电流反应过大(超过 600 mA),说明功放电路坏。

四、手机专用维修电源的操作与使用实训

1. 实训目的

(1) 学会操作使用手机专用维修电源;

(2) 能用手机专用维修电源对种类手机进行电流测量;

(3) 能通过手机专用维修电源实现对手机故障进行分析。

2. 实训器材

(1) 诺基亚 N1116 手机一部;

(2) 手机专用维修电源一台;

(3) 手机专用维修工具一套。

3. 操作方法

(1) 使用前应先通电检查专用维修电源的输出电压,严禁专用维修电源的电压超过 4.2 V;

(2) 确认专用维修电源电压后,关上专用电源开关;

(3) 将专用电源的电源夹的红色夹夹在电池的正极端,黑色夹夹在中间端和电池的负极,并用绝缘材料将两夹隔离开,以防短路;

(4) 打开专用维修电源开关,测量手机电流值。

4. 实训内容

对至少两部以上手机进行电流测量,并将测量结果填入表中,并完成手机专用维修电源的操作与使用实训报告。

实训报告二

手机专用维修电源的操作与使用实训报告

实训地点			时间		实训成绩	
姓名		班级		学号	同组姓名	
实训目的						
实训器材与工作环境						
实训内容	第1款手机		第2款手机		第3款手机	第4款手机
手机型号						
IMEI码						
关机电流/mA						
开机电流/mA						
待机电流/mA						
发射电流/mA						
专用电源电压/V						
手机电池电压/V						
用时						
操作步骤						
简述根据手机工作电流判别手机故障部位的方法。						
写出此次实训过程中的体会及感想,提出实训中存在的问题。						
指导教师评语						

实训项目三 手机贴片分立元器件的拆焊和焊接

　　手机电路中的分立元器件主要包括电阻、电容、电感、晶体管等。由于手机体积小、功能强大，电路比较复杂，决定了这些元器件必须采用贴片式(SMD)安装，贴片式元器件与传统的通孔元器件相比，贴片元器件安装密度高，减小了引线分布的影响，增强了抗电磁干扰和射频干扰能力。对于分立元器件一般使用热风枪进行拆焊和焊接(拆焊和焊接时也可使用电烙铁)。在拆焊和焊接时一定要掌握好风力、风速和风的方向，若操作不当，不但会将元器件吹掉，而且还会使周围的元器件松动。

一、分立元器件拆焊和焊接工具

　　拆焊分立元器件前要准备好以下工具：
　　(1) 热风枪：用于拆焊和焊接分立元器件。
　　(2) 电烙铁：焊接、补焊或拆焊分立元器件。
　　(3) 镊子：拆焊时将分立元器件夹住，焊锡熔化后将分立元件取下；焊接时用于固定分立元件。
　　(4) 带灯放大镜：便于观察分立元器件的位置。
　　(5) 手机维修平台：固定主板。维修平台应可靠接地。
　　(6) 防静电手腕：戴在手上，防止人身上的静电损坏手机元器件。
　　(7) 小刷子、吹气球：将分立元器件周围的杂质吹掉。
　　(8) 助焊剂：将助焊剂加入元器件周围便于拆卸和焊接。
　　(9) 无水酒精或天那水：清洁线路板时使用。
　　(10) 焊锡：焊接时使用。

二、用热风枪进行分立元器件的拆焊和焊接操作

1. 分立元件的拆焊
　　(1) 在用热风枪拆焊分立元器件之前，一定要将手机线路板上的备用电池拆下，否则，备用电池很容易受热爆炸，对人身构成威胁。
　　(2) 将线路板固定在手机维修平台上，打开带灯放大镜，仔细观察欲拆卸的分立元器件的位置。
　　(3) 用小刷子将元器件周围的杂质清理干净，往元器件上加注少许助焊剂。
　　(4) 安装好热风枪的细嘴喷头，打开热风枪电源开关，调节热风枪温度开关在2～3挡，

风速开关在1～2挡。

（5）一只手用镊子夹住分立元件，另一只手拿稳热风枪手柄，使喷头离欲拆焊元件保持垂直，距离为2～3 cm，沿元器件上均匀加热，喷头不可接触元器件。待元器件周围焊锡熔化后用镊子将元器件取下。

2. 分立元器件的焊接

（1）用镊子夹住欲焊接的分立元器件放置到焊接的位置，注意要放正，不可偏离焊点。若焊点上焊锡不足，可用电烙铁在焊点上加注少许焊锡。

（2）打开热风枪电源开关，调节热风枪温度开关在2～3挡，风速开关在1～2挡。使热风枪的喷头离欲焊接的元器件保持垂直，距离为2～3 cm，沿元件均匀加热。待元器件周围焊锡熔化后移走热风枪喷头。

（3）焊锡冷却后移走镊子。

（4）用无水酒精或天那水将元器件周围清理干净。

三、用电烙铁进行分立元器件的拆焊和焊接操作

1. 分立元器件的拆焊

当待拆焊分立元器件周围的元器件不多，可采用轮流加热法，用防静电调温电烙铁在元器件的两端各加热2～3 s后快速在元器件两端来回移动，同时握电烙铁的手稍用力向一边轻推，即可拆下元器件。若周围的元器件较密，可用左手持镊子轻夹元器件中部，用电烙铁充分熔化一端的锡后快速移至元器件的另一端，同时左手稍用力向上提，这样当一端的锡充分熔化尚未凝固而另一端也已熔化时，左手的镊子即可将其拆下。

2. 分立元器件的焊接

换新元器件之前应确保焊盘清洁，先在焊盘的一端上锡（上锡不可过多），再用镊子将元器件夹住，先焊接焊盘上锡的一端，然后再焊另一端，最后用镊子固定元器件，并把元器件两端镀上适量的锡加以修整。

四、手机贴片分立元器件拆焊与焊接实训

1. 实训目的

熟练掌握手机分立元器件的拆焊和焊接方法；熟悉手机分立元器件的结构；能熟练使用热风枪和防静电调温电烙铁工具。

2. 实训器材与工作环境

（1）手机主板若干；

（2）手机维修平台、热风枪、防静电调温电烙铁各一台；

（3）建立一个良好的工作环境。

3. 实训内容

（1）拆焊手机主板上的贴片分立元器件；

（2）焊接贴片分立元器件到手机主板上。

4. 实训报告

根据实训内容，完成手机分立元器件拆焊和焊接实训报告。

实训报告三

手机分立元器件的拆焊和焊接实训报告

实训地点			时间		实训成绩	
姓名		班级		学号	同组姓名	
实训目的						
实训器材与工作环境						
实训内容	二引脚分立元器件		三引脚分立元器件		四引脚分立元器件	
元器件外形						
元器件颜色						
所用拆焊工具						
采用的拆焊方法						
所用焊接工具						
采用的焊接方法						
用时						
详细写出某一分立元器件的拆焊和焊接顺序,并指出实训过程中遇到的问题及解决方法。						
写出此次实训过程中的体会及感想,提出还可用其他什么方法可以实现对手机分立元器件的拆焊与焊接?						
指导教师评语						

实训项目四 手机 SOP 和 QFP 封装 IC 的拆焊和焊接

手机贴片安装的 IC(集成电路)主要有 SOP(小外型)封装和 QFP(四方扁平型)封装两种。SOP 封装的引脚数目在 28 之下,引脚分布在两边,手机电路中的码片、字库、电子开关、频率合成器、功放等集成电路常采用这种 SOP 封装。QFP 封装适用于高频电路和引脚较多的模块。QFP 封装四边都有引脚,其引脚数目一般大于 20。手机电路中许多中频模块、数据处理器、音频模块、微处理器、电源模块等都采用 QFP 封装。这些贴片的拆焊和焊接都必须采用热风枪或防静电调温电烙铁才能将其拆下或焊接好。和手机中的一些分立元器件相比,这些贴片集成电路由于相对较大,拆卸和焊接时可将热风枪、防静电调温电烙铁的温度调得高一些。

一、SOP 和 QFP 封装 IC 的拆焊和焊接工具

(1) **热风枪**:用于拆焊和焊接贴片 IC。

(2) **防静电调温电烙铁**:补焊贴片集成电路虚焊的管脚和清理余锡;对 SOP 和 QFP 封装 IC 进行拆焊和焊接。

(3) **镊子**:焊接时用于将贴片 IC 固定。

(4) **医用针头**:拆焊时可用于将 IC 掀起。

(5) **带灯放大镜**:用于观察贴片集成电路的位置。

(6) **手机维修平台**:用于固定线路板。

(7) **防静电手腕**:防止人身上的静电损坏手机元器件。

(8) **小刷子、吹气球**:用于扫除贴片 IC 周围的杂质。

(9) **助焊剂**:将助焊剂加入贴片 IC 管脚周围,便于拆焊和焊接。

(10) **无水酒精或天那水**:清洁线路板时使用。

(11) **焊锡**:焊接或补焊用。

二、用热风枪进行 SOP 和 QFP 封装 IC 拆焊和焊接

1. SOP 和 QFP 封装 IC 的拆焊

(1) 在用热风枪拆焊贴片 IC 之前,一定要将手机线路板上的备用电池拆下(特别是备

用电池离所拆IC较近时)，否则，备用电池很容易受热爆炸，对人身构成威胁。

(2) 将线路板固定在手机维修平台上，打开带灯放大镜，仔细观察欲拆焊IC的位置和方位，并做好记录，以便焊接时恢复。

(3) 用小刷子将贴片IC周围的杂质清理干净，往贴片IC管脚周围加注少许助焊剂。

(4) 调好热风枪的温度和风速。温度开关一般调至3～5挡，风速开关调至2～3挡。

(5) 用单喷头拆卸时，应注意使喷头和所拆IC保持垂直，并沿IC周围管脚慢速旋转，均匀加热，喷头不可触及IC及周围的外围元件，吹焊的位置要准确，且不可吹跑集成电路周围的外围较小的元器件。

(6) 待集成电路的管脚焊锡全部熔化后，用医用针头或镊子将IC掀起或镊走，且不可用力，否则，极易损坏IC的锡箔。

2. SOP和QFP封装IC的焊接

(1) 将焊接点用平头烙铁整理平整，必要时，对焊锡较少的焊点进行补锡，然后，用酒精清洁干净焊点周围的杂质。

(2) 将更换的IC和电路板上的焊接位置对好，用带灯放大镜进行反复调整，使之完全对正。

(3) 先用电烙铁焊好IC的四脚，将集成电路固定，然后，再用热风枪吹焊四周。焊好后应注意冷却，不可立即去动IC，以免其发生位移。

(4) 冷却后，用带灯放大镜检查IC的管脚有无虚焊，若有，应用尖头电烙铁进行补焊，直至全部正常为止。

(5) 用无水酒精将集成电路周围清理干净。

三、用防静电调温电烙铁对SOP和QFP封装IC的拆焊和焊接

1. SOP和QFP封装IC的拆焊

(1) 漆包线拆焊法

用一根漆包线，将漆包线一头从IC一列脚管脚中穿出，将防静电调温电烙铁温度调到350℃，从IC第一脚开始焊，同时用漆包线往外拉，则可将IC的一列管脚焊下。完成后仔细检查是否管脚全都脱离焊点。

(2) 防静电调温电烙铁毛刷配合拆焊法

先用防静电调温电烙铁加热IC引脚上的焊锡至融化后，用一把毛刷快速扫掉溶化的焊锡。使IC的引脚与印制板分离。此方法可分脚进行也可分列进行。最后用镊子或小一字螺丝刀撬下IC即可。

(3) 增加焊锡融化拆焊法

此方法比较适合于SOP封装IC的拆焊。首先给待拆焊的IC引脚上增加一些焊锡，使

每列引脚的焊点连接起来,以利于传热,便于拆焊。拆焊时用电烙铁每加热一列引脚就用镊子或小一字螺丝刀撬一撬,两列引脚轮换加热,直到拆下为止。

2. SOP 和 QFP 封装 IC 的焊接

(1) 在焊接之前,用防静电调温电烙铁先在焊盘上涂上助焊剂,以免焊盘镀锡不良或被氧化。

(2) 用镊子将待 IC 放到电路板上,使其与焊盘对齐,并保证放置方向正确。把电烙铁的温度调到 300℃左右,焊接 IC 两个对角位置上的引脚,使 IC 固定而不能移动。

(3) 开始焊接所有的引脚时,要保持烙铁尖与被焊引脚并行,防止因焊锡过量发生搭接。

(4) 焊完所有的引脚后,用助焊剂浸湿所有引脚以便清洗焊锡。最后用镊子和带灯放大镜检查是否有虚焊,检查完成后,硬毛刷浸上酒精沿引脚方向仔细擦拭,将电路板上助焊剂清除。

四、手机 SOP 和 QFP 封装 IC 拆焊和焊接实训

由指导教师选择带有 SOP 和 QFP 封装 IC 的手机主板,将其固定在手机维修平台上,由学生练习手机 SOP 和 QFP 封装 IC 的拆焊与焊接。拆焊与和焊接元器件数量及型号由指导教师根据实训时间来定。要求学生先仔细选择手机主板上的元器件,找出 SOP 和 QFP 封装的 IC,再用两种以上不同的方法对同一类型的 IC 进行拆焊和焊接。

1. 实训目的

熟练掌握手机 SOP 和 QFP 封装 IC 的拆焊和焊接方法;熟悉手机 SOP 和 QFP 封装 IC 的结构;能熟练使用热风枪和防静电调温电烙铁工具。

2. 实训器材与工作环境

(1) 手机主板一块;

(2) 手机维修平台、热风枪、防静电调温电烙铁各一个;

(3) 建立一个良好的工作环境。

3. 实训内容

(1) 拆焊手机主板上的 SOP 和 QFP 封装 IC;

(2) 焊接 SOP 和 QFP 封装 IC 到手机主板上。

4. 实训报告

根据实训内容,完成手机 SOP 和 QFP 封装 IC 拆焊和焊接实训报告。

实训报告四

手机 SOP 和 QFP 封装 IC 的拆焊和焊接实训报告

实训地点			时间		实训成绩	
姓名		班级		学号	同组姓名	
实训目的						
实训器材与工作环境						
实训内容	SOP 封装 IC		QFP 封装 IC(1)		QFP 封装 IC(2)	
元器件外形						
元器件颜色						
所用拆焊工具						
采用的拆焊方法						
所用焊接工具						
采用的焊接方法						
用时						
详细写出某一种 IC 的拆焊和焊接顺序,并指出实训过程中遇到的问题及解决方法。						
写出此次实训过程中的体会及感想,提出还可用其他什么方法可以实现对手机 SOP 和 QEP 封装 IC 的拆焊或焊接?						
指导教师评语						

实训项目五　手机 BGA 封装 IC 的拆焊和焊接

一、植锡工具

随着手机逐渐小型化和元器件集成化程度的不断提高,近年来采用了球栅阵列封装器件(Ball GridArray,BGA)封装技术。BGA 技术与 QFP 平面封装技术的不同之处在于:在 BGA 封装方式下,芯片引脚不是分布在芯片的周围,而是在"肚子"下面,实际是将封装外壳基板原四面引出的引脚变成以矩阵布局的凸点引脚,这就可以容纳更多的引脚数,且可以较大的引脚间距代替 QFP 引脚间距,避免引脚距离过短而导致焊接互连。因此,使用 BGA 封装方式不仅可以使芯片在与 QFP 相同的封装尺寸下保持更多的封装容量,还可使引脚间距加大。植锡工具如下:

(1) 植锡板。植锡板是用来为 BGA 封装的 IC 芯片"种植"锡脚的工具。

(2) 锡浆是用来做焊脚的,建议使用瓶装的锡浆。助焊剂对 IC 和 PCB 没有腐蚀性,因为其沸点仅稍高于焊锡的熔点,在焊接时焊锡熔化不久便开始沸腾吸热汽化,可使 IC 和 PCB 的温度保持在这个温度而不被烧坏。

(3) 清洗剂。使用无水酒精或天那水作为清洗剂,对松香助焊膏等有极好的溶解性。注意,长期使用天那水对人体有害。

二、BGA 芯片植锡操作

1. 清洗

首先在 IC 的锡脚面加上适量的助焊膏,用电烙铁将 IC 上的残留焊锡去除,然后用天那水清洗干净。

2. 固定

可以使用维修平台的凹槽来定位 BGA 芯片,也可以简单地采用双面胶将芯片粘在桌子上来固定。

3. 上锡

选择稍干的锡浆,用平口刀挑适量锡浆到植锡板上,用力往下刮,边刮边压,使锡浆薄薄地、均匀地填充于植锡板的小孔中,上锡过程中要注意压紧植锡板,不要让植锡板和芯片之间出现空隙,以免影响上锡效果。

4. 吹焊植锡

将植锡板固定到 IC 上面,然后把锡浆刮印到 IC 上面压紧植锡板,将热风枪风量调大,温度调至 350°左右,摇晃风嘴对着植锡板缓缓均匀加热,使锡浆慢慢熔化。当看见植锡板的个别小孔中已有锡球生成时,说明温度已经到位,这时应当抬高热风枪的风嘴,避免温度继续上升。过高的温度会使锡浆剧烈沸腾,造成植锡失败,严重的还会使 IC 过热损坏。锡球冷却后,再将植锡板与 IC 分离。这种方法的优点是一次植锡后,若有缺脚,或者锡球过大或过小,可进行二次处理,特别适合新手使用。

5. 调整

如果吹焊完毕后,发现有些锡球的大小不均匀,甚至有个别引脚没植上锡,可先用裁纸刀沿着植锡板的表面将大锡球的露出部分削平,再用刮刀将锡球过小和缺脚的小孔中上满锡浆,然后用热风枪再吹一次。

三、焊接前 BGA 芯片的定位

由于 BGA 芯片的引脚在芯片的下方,在电路板上焊接过程中不能直接看到,所以在焊接的时候要注意 BGA 芯片的定位。熟练的操作人员常用目测定位法。操作人员不熟练的时候,可采用画线定位法,用画线法时,要注意 IC 的边沿必须对齐所画的线,并且画线用力不要过大,以免造成印制板上铜箔断路。

四、BGA 芯片焊接

BGA 芯片定好位后,就可以焊接了。把热风枪调节至合适的风量和温度,让风嘴对准芯片,高度 3 cm 左右,缓慢晃动,均匀加热。当看到 IC 往下一沉且四周有助焊剂溢出时,说明锡球已和电路板上的焊点熔合在一起,这时可以继续吹焊片刻,使加热均匀、充分。由于表面张力的作用,BGA 芯片与电路板的焊点之间会自动对准定位。判断是否自动对准定位的具体操作方法是:用镊子轻轻推动 BGA 芯片,如果芯片可以自动复位,则说明芯片已经对准位置。注意,在加热过程中切勿用力按住 BGA 芯片,否则会使焊锡外溢,极易造成脱脚和短路。

焊接时应注意以下几点:

(1) 风枪吹焊植锡球时,温度不宜过高,风量也不宜过大,否则锡球会被吹在一起,造成植锡失败,温度通常不超过 350℃;

(2) 刮抹锡膏要均匀;

(3) 每次植锡完毕后,要用清洗液将植锡板清理干净,以便下次使用;

(4) 锡膏不用时要密封,以免干燥后无法使用;

(5) 需备防静电吸锡笔或吸锡线,在拆卸集成块,特别是 BGA 封装的 IC 时,将残留在上面的锡吸干净。

五、手机 BGA 封装 IC 拆焊和焊接实训

1. 实训目的

熟练掌握手机 BGA 封装 IC 拆焊、植锡及焊接方法;熟悉手机 BGA 封装 IC 的结构;能熟练使用热风枪和防静电调温电烙铁工具。要求学生能在 10 分钟内能保质保量完成指定 BGA 封装 IC 的拆焊和焊接操作。

2. 实训器材与工作环境

(1) 手机主板若干,具体种类、数量由指导教师根据实际情况确定;

(2) 手机维修平台、热风枪、防静电调温电烙铁各一个;

(3) 建立一个良好的工作环境。

3. 实训内容

(1) 拆焊手机主板上的 BGA 封装 IC;

(2) BGA 封装 IC 的植锡操作;

(3) 焊接 BGA 封装 IC。

4. 实训报告

根据实训内容,完成手机 BGA 封装 IC 拆焊和焊接实训报告。

实训报告五

手机 BGA 封装 IC 的拆焊和焊接实训报告

实训地点		时间		实训成绩	
姓名		班级		学号		同组姓名	

实训目的	
实训器材与工作环境	
实训内容	
元器件外形	
元器件颜色	
所用拆焊工具	
采用的拆焊方法	
所用焊接工具	
采用的焊接方法	
用时	
用方框图写出 BGA 封装 IC 的拆焊和焊接的工艺流程,并指出实训过程中遇到的问题及解决方法。	
写出此次实训过程中的体会及感想,提出对本次实训的意见和建议。	
指导教师评语	

· 16 ·

实训项目六 电阻、电容、电感识别与检测实训

片状元器件(又称表面贴片元器件,简称 SMD)外形多呈薄片形状、大部分没有引出线,有的在元器件的两端仅有非常短的引出线,相邻电极之间的距离很小。片状元器件直接贴装在电路板的表面,将电极焊接在电路板的焊盘上。表面贴片元器件的安装密度高,减小了引线分布参数的影响,降低了寄生电容和电感,高频特性好,并增强了抗电磁干扰和射频干扰能力。

一、电阻的识别

(1) 外形:只有一粒米大小。

(2) 颜色:绝大多数是黑色;个别是浅蓝色;两头是银色的镀锡层。

(3) 电阻好坏的判断方法:用万用表测量电阻时,先将表笔短路调零后再进行测量,才能保证测量的精度。在实际故障检修时,如怀疑电阻变质失效,则不能直接在电路板上测量电阻值,因被测电阻两端存在其他电路的等效电阻,正确的方法是先将电阻从电路板上拆下,再选择合适的欧姆挡测量。如果所测电阻值为 0,则电阻内部发生了短路;如果所测电阻阻值为无穷大,则表明电阻内部已断路,以上两种结果都是说明电阻损坏。

二、电容的识别

1. 一般电容

(1) 外形:只有一粒米大小。

(2) 颜色:绝大多数是棕色($nF/\mu F$),个别是黄色($nF/\mu F$)或浅灰色(pF),两头是银色的镀锡层。

2. 金属钽电容(有极性)

(1) 外形:长方体,比普通电容大。

(2) 颜色:绝大多数是红色、棕色和黄色,突出一端为正极。

3. 万用表检测电容好坏的方法

将模拟万用表的电阻挡调到 $R\times 1k$ 挡或 $R\times 10k$ 挡,用表笔接触电容的两个端子,表针先向 0 欧姆方向摆动,当达到一个很小的电阻读数后便开始反向摆动,最后慢慢停留在某一个大阻值读数上,静电容量越大,表针偏转的角度应当越大,指针返回的也应当越慢。如果指针不摆动,则说明电容内部已开路;如果指针摆向 0 欧姆或靠近 0 欧姆的数值,并且不向无穷大的方向回摆,则表明电容内部已击穿短路;如果表指针向 0 欧姆后能慢慢返回,但不能回摆到接近无穷大的读数,则表明电容存在较大的漏电,且回摆指示的电阻值越小,漏电

就越大。

对于容量很小的一般电容,用万用表只能判断是否发生短路。由于表针不摆动,无法判断电容是否开路,所以在故障维修时,如果怀疑某电容有问题,最好的办法还是用一个新电容进行替换,若故障现象消失,则可确定原电容有问题。

三、电感的识别

1. 线绕电感

(1) 外形:呈片状矩形;

(2) 颜色:绝大多数是蓝色。

2. 漆包线电感(升压电感)

(1) 外形:呈片状矩形或圆形;

(2) 颜色:绝大多数是黑色。

3. LC 选频电感(压模电感)

(1) 外形:同普通小电容;

(2) 颜色:白色、浅蓝色、绿色、一半白一半黑、两头银中间蓝色的镀锡层。

4. 用万用表判断电感好坏的方法

用万用表无法直接测量电感器的电感量和品质因数,只能定性判断电感线圈的好坏。因大多数电感线圈的直流电阻不会超过 1 Ω,所以用万用表的 R×1 挡测量电感线圈两端的电阻应近似为零。如指针不动或指向较大的电阻读数,则表明电感线圈已断路或损坏。大多数电感发生故障均是断路,而电感线圈内部发生短路的情况极少见,所以在实际检修中主要测量它们是否开路就行了,或者用一个新电感进行更换来判断。如果万用表表针指示不稳定,说明内部接触不良。

四、手机电阻、电容、电感的识别与检测实训

1. 实训目的

掌握手机电阻、电容、电感的识别技能,能对手机电阻、电容、电感进行简单检测。

2. 实训器材与工作环境

(1) 手机主要元器件、手机主板若干,具体种类、数量由指导教师根据实际情况确定。

(2) 数字万用表一只。

(3) 手机维修平台、热风枪、防静电调温电烙铁各一个。

(4) 建立一个良好的工作环境。

3. 实训内容

(1) 识别手机主板上的电阻、电容、电感。

(2) 拆焊手机主板上的电阻、电容、电感,仔细观察电阻、电容和电感的特点(颜色、标识、引脚等),并做简单检测。

(3) 元器件复位焊接。

4. 实训报告

根据实训内容,完成电阻、电容、电感识别与检测实训报告。

> 实训项目六 电阻、电容、电感识别与检测实训

实训报告六

电阻、电容、电感识别与检测实训报告

实训地点			时间		实训成绩	
姓名		班级		学号		同组姓名	

实训目的	
实训器材与工作环境	

实训内容	电阻	电容(1)	电容(2)	电感
元件外形				
颜色				
标称值				
拆焊所用工具				
测量值				
元件作用				
原理图代号				
测试工具				
焊接所用工具				
引脚数				
检测方法				
用时				

详细写出判断手机电解电容的好坏的检测方法,并指出实训过程中遇到的问题及解决方法。	
写出此次实训过程中的体会及感想,提出实训中存在的问题。	
指导教师评语	

实训项目七　半导体元件的识别与检测实训

一、半导体元件的识别

1. 二极管的识别

（1）分类

① 普通二极管：用于开关、整流、隔离；

② 发光二极管：用于键盘灯、显示屏灯照明；

③ 变容二极管：是采用特殊工艺使 PN 结电容随反向偏压变化反比例变化，变容二极管是一种电压控制元件，通常用于压控振荡器(VCO)，改变手机本振和载波频率，使手机锁定信道；

④ 稳压二极管：用于简单的稳压电路或产生基准电压。

（2）识别

① 外形：有的呈矩形、有的呈柱形，一端有一白色的竖条，表示该端为负极。

② 颜色：一般为黑色。

③ 特点：手机中常采用双二极管封装（即两个二极管组合在一起），有 3～4 个引脚，此时难以辨认，很容易与晶体管混淆，这时只有借助原理图和印制电路板图识别，或通过测量才能确定其引脚。

（3）用模拟万用表检测二极管好坏的方法

测量时，红表笔接二极管的负极，黑表笔接二极管的正极，其正向电阻应当很小，表笔互换测得的反向电阻应当很大，这才表明二极管的质量是好的。如果正、反向电阻都很小，则表明管子内部已经短路；如正、反向电阻都很大，则说明二极管内部已经断路。通过测量二极管的正、反向电阻值，也可以判断二极管的正负极性。当正向电阻很小时，黑表笔端为二极管的正极，如测得阻值很大时，红表笔端为其正极。

2. 晶体管与场效应管（MOS）的识别

① 外形：大多数为三只脚，少数为四只脚。

② 颜色：一般为黑色。

二、用模拟万用表判别三极管类型和管脚的方法

根据 PN 结正向电阻小，反向电阻大的性质，可以用万用表判别三极管的类型和基极。将万用表调至 $R\times 1k$ 挡（数字万用表用二极管挡）来测量。在手机元件分布图中的三极管两脚在一边的是基极和发射极，管脚为另一侧的是集电极。关键是要判别出何为基极，何为发射极。可假定一管脚为"基极"，用正表笔接"基极"，负表笔分别接另外两管脚，如果测得的均为低阻值，则正表笔接的就是"基极"，而且是 PNP 型，如将正负表笔对调，即负表笔接基极，正表笔接另两管脚，读数均为高阻值，则证明上述假定正确。若正表笔接基极，照上述方法测得均为高阻值，而用负表笔接基极，正表笔接另两极引线，测得低阻值，则所接的基

极是 NPN 型的三极管的基极。如果按上述方法测得结果一个是低阻值,一个是高阻值,则假定基极是错的,则可推断此管脚为发射极。

三、用模拟万用表定性判断 MOS 型场效应管的好坏

先用万用表 $R\times 10k$ 挡(内置有 9V 或 15V 电池),把负表笔(黑)接栅极(G),正表笔(红)接源极(S)。给栅、源极之间充电,此时万用表指针有轻微偏转。再改用万用表 $R\times 1$ 挡,将负表笔接漏极(D),正表笔接源极(S),万用表指示值若为几欧姆,则说明 NMOS 场效应管是好的。与 NMOS 管相似,正负表笔与 NMOS 相反即可。

也可用万用表定性判断结型场效应管的电极。将万用表拨至 $R\times 100$ 挡,红表笔任意接一个脚管,黑表笔则接另一个脚管,使第三脚悬空。若发现表针有轻微摆动,就证明第三脚为栅极。欲获得更明显的观察效果,还可利用人体靠近或者用手指触摸悬空脚,只要看到表针有大幅度偏转,即说明悬空脚是栅极,其余二脚分别是源极和漏极。其判断理由是:JFET 的输入电阻大于 100 MΩ,并且跨导很高,当栅极开路时空间电磁场很容易在栅极上感应出电压信号,使三极管趋于截止,或趋于导通。若将人体感应电压直接加在栅极上,由于输入干扰信号较强,上述现象会更加明显。如表针向左侧大幅度偏转,就意味着三极管趋于截止,漏—源极间电阻 RDS 增大,漏—源极间电流减小 IDS。反之,表针向右侧大幅度偏转,说明三极管趋向导通,RDS 减小,IDS 增大。但表针究竟向哪个方向偏转,应视感应电压的极性(正向电压或反向电压)及三极管的工作点而定。

四、手机半导体元件识别与检测实训

1. 实训目的
掌握手机半导体元件的识别技能,能对手机半导体元件进行简单检测。
2. 实训器材与工作环境
(1) 手机主要元器件、手机主板若干,具体种类、数量由指导教师根据实际情况确定。
(2) 数字、模拟万用表各一只。
(3) 手机维修平台、热风枪、防静电调温电烙铁各一个。
(4) 建立一个良好的工作环境。
3. 实训内容
(1) 识别手机主板的二极管、三极管、场效应管。
(2) 拆焊手机主板上的二极管、三极管、场效应管,仔细观察二极管、三极管、场效应管的特点(颜色、标识、引脚等),并做简单检测。
4. 注意事项
(1) 学生在实训前要预习实训内容,做实验时要及时记录数据,在老师允许操作之前不允许乱动实验仪器,实训后要认真写出实训报告。要求实训环境安静、简洁、明亮,无灰尘和烟雾;工作台上应铺盖起绝缘作用的厚橡胶片;所有仪器的地线都连在一起,并良好接地。要求学生穿着不易产生静电的衣服,并在工作前要摸一下地线。
(2) 为了避免丢失元器件,应备有分别盛放元器件的容器。
(3) 因元器件的引出线非常短小,可加引线进行测量。
5. 实训报告
根据实训内容,完成手机半导体元件识别与检测实训报告。

实训报告七

手机半导体元件识别与检测实训报告

实训地点			时间		实训成绩	
姓名		班级		学号		同组姓名	

实训目的	
实训器材与工作环境	

实训内容	二极管	发光二极管	三极管	场效应管
元件外形				
颜色				
标识				
拆焊所用工具				
封装方式				
原理图代号				
测试工具				
元件作用				
焊接所用工具				
引脚数				
第1引脚位置				
检测方法				
用时				

详细写出判断手机三极管好坏的检测方法;提出判断发光二极管和稳压二极管好坏的检测方法。	
写出此次实训过程中的体会及感想,提出实训中存在的问题。	
指导教师评语	

实训项目八　手机集成电路识别与检测实训

一、稳压块的识别

(1) 外形：5 脚和 6 脚，表面标明输出电压的标称值，例如，"28 P"表示输出电压是 2.8 V；

(2) 颜色：一般为黑色；

(3) 稳压模块的检测。稳压模块的检测常用在线测量法、触摸法和观察法（损坏时加电发烫、鼓包、变色等）和替代法等。

二、集成电路的识别

手机电路中使用的 IC 多种多样，有射频处理 IC、逻辑 IC、电源 IC、锁相环 IC 等。IC 的封装形式各异，用得较多的表面安装集成 IC 的封装形式有：小外型封装、四方扁平封装和栅格阵列引脚封装等。

1. 小外型封装

小外型封装又称 SOP 封装，其引脚数目少于 28 个，引脚分布在两边。手机电路中的存储器、电子开关、频率合成器、功放等集成电路常采用这种 SOP 封装。

2. 四方扁平封装

四方扁平封装适用于高频电路和引脚较多的模块，简称 QFP 封装，该模块四边都有引脚，其引脚数目一般多于 20 个。如许多中频模块、数据处理器、音频模块、微处理器、电源模块等都采用 QFP 封装。对于小外型封装和四方扁平封装的 IC，找出其引脚排列顺序的关键是找出第 1 脚，然后按照逆时针方向，确定其他引脚。确定第 1 脚的方法是：IC 表面字体正方向左下脚圆点为 1 脚标志；或者找到 IC 表面打"-"的标记处，对应的引脚为第 1 脚。

3. 球形栅格阵列内引脚封装

球形栅格阵列内引脚封装又称 BGA 封装，是一个多层的芯片载体封装，这类封装的引脚在集成电路的"肚皮"底部，引线是以阵列的形式排列的，其引脚是按行线、列线来区分，所以引脚的数目远远超过引脚分布在封装外围的封装。利用阵列式封装可以省去电路板 70% 的位置。BGA 封装充分利用封装的整个底部来与电路板互连，而且用的不是引脚而是焊锡球，从而还缩短了互连的距离。目前，许多手机，如摩托罗拉 L2000 型手机的电源 IC、诺基亚 8810 型手机的 CPU 等都采用这种封装形式。

4. 集成电路的检测

由于 IC 有许多引脚，外围组件又多，所以要判断 IC 的好坏比较困难，通常采用在线测量法、触摸法、观察法（损坏或有大电流时，加电发烫、鼓包、变色及裂纹等）、按压法（观察手机工作情况，从而判断 IC 是否虚焊）、元器件置换法和对照法等。

三、单频手机中的 VCO 组件识别

1. 识别

单频手机中的 VCO 一般有 4 个引脚：输出端、电源端、控制端及接地端。不同手机中的 VCO 组件脚位功能可能不一样。如有的 VCO 组件上有一个小的方框或一个小黑点标记；有的则有一个小圆圈的标记；在一些双频手机中，其双频 VCO 组件的标记为一个小黑点；还有一些 VCO 组件表面就标识着该 VCO 组件就是一个双频 VCO。

2. VCO 组件引脚的识别方法

接地端的对地电阻为"0"，电源端的电压与该机的射频电压很接近，控制端接有电阻或电感，在待机状态下（或按"112"，启动发射时），该端口有脉冲控制信号，余下的便是输出端（若有频谱分析仪，则可通过测试这个端口有无射频信号输出，若有射频信号输出，则是输出端）。

四、基准频率时钟电路的识别

1. 采用谐振频率为 13 MHz 的石英晶体振荡器

13 MHz 石英晶振和 13 MHz VCO 组件上面一般标有"13"的字样。

2. 13 MHz 的产生采用 VCO 组件形式

13 MHz VCO 组件上面一般标有"13"的字样。

3. 检测方法

晶体无法用万用表检测，由于晶体引脚少，代换很容易，因此在实际中，常用组件代换法鉴别。代换时注意使用相同型号的晶体，以保证引脚匹配。

基准频率时钟电路所引发的故障在手机故障中占有很大的比例，尤其是摔坏的手机更易引起该电路的损坏。

五、实时时钟晶体的识别

1. 识别

在实时石英晶体的表面，大多数都标有 32.768 的字样。实时时钟在电路中的符号用晶体的图形符号加标注来表示（这些标注通常有 32.768、SLEEPCLK 等）。当然，这个晶体还有其他形状或颜色。

2. 检测方法

晶体常用组件代换法鉴别。代换时注意使用相同型号的晶体，以保证引脚匹配。如果该晶体损坏，会造成手机不开机、入网难、无时间显示的故障等。

六、滤波器的识别

低通（LPF）：主要用在信号处于低频（或直流成分），并且需要削弱高次谐波或频率较高的干扰和噪声等场合。

高通（HPF）：主要用在信号处于高频并且需要削弱低频（或直流成分）的场合。

带通（BPF）：主要用来突出有用频段的信号，削弱其余频段的信号或干扰和噪声。

BEF 主要用来抑制干扰。

在手机电路中,4种滤波电路都要用到,例如,接收电路需要 HPF 和 BPF,在频率合成电路中需要 BPF 和 LPF,在电源和信号放大部分需要 LPF 和 BEF。

1. 滤波器按其介质分类

声表面滤波器、晶体滤波器、陶瓷滤波器。

2. 滤波器按其所起的作用分类

(1) 双工滤波器

① 作用:用来分离发射与接收信号,又可以用天线开关电路来分离发射与接收信号。用天线开关电路分离发射和接收电路较为复杂,而用双工滤波器则简化了许多。

② 识别:双工滤波器在其表面一般有"TX/RX"(发射/接收)和"ANT"(天线)字样。

③ 检测:双工滤波器是介质谐振腔滤波器,在更换这种双工滤波器时应注意焊接技巧,否则,可能将双工滤波器损坏。

(2) 射频滤波器

通常用在手机接收电路的低噪声放大器、天线输入电路及发射机输出电路。

(3) 中频滤波器

① 作用:中频滤波器是带通滤波器。

② 不同的手机,其中频滤波器可能不一样,但通常来说,接收电路的第一混频器后面的第一中频滤波器体积较大,第二混频器后面的第二中频滤波器则小些,而第二中频滤波器通常对接收电路的性能影响更大。

③ 检测:中频滤波器是手机电路的重要组成部分,对接收机的性能影响很大,若该元器件损坏,将会造成手机无信号、接收信号差等故障。滤波器是易损元件,受振动或受潮都会导致其损坏或损耗增加。可以用频谱分析仪准确地检测滤波器的带宽、Q 值、中心频点等参数。

滤波器无法用万用表检验,在实际维修中可简单地用跨接电容的方法判断其好坏,也可用元件代换法鉴别。

七、功率放大器识别

功率放大器位于发射电路的末级,工作频率高达 900 MHz/1 800 MHz,因此,功放是超高频宽带放大器,由于其功耗较大,故易损坏,应作为检修的重点。早期的手机多使用分离元件的功率放大器。目前,越来越多的手机使用功率放大器组件或集成电路。如果该手机采用双工滤波器,则功率放大器的输出端接在双工滤波器的 TX 端口。

功放的识别:

(1) SOP 封装:金属外壳和黑色塑封。

(2) 集成电路封装:如小外型封装(SOP 封装)和四方扁平封装(QFP 封装)。这些功率放大器旁边常有微带线,并且多见于旧款手机。

八、微带线与耦合器识别

在高频电子设备的电路板上,通常用一段特殊形状的铜皮就可以构成一个电感。这种电感称为印刷电感或微带线。

微带线在电路中通常使用如教材中的图 3.33 所示的符号来表示,如果只是一根短粗黑线,则称其为微带线;若是平行的两根短粗黑线,则称其为微带线耦合器。在手机电路中,微带线耦合器的作用与变压器类似,常用在射频电路中,特别是接收的前级和发射的末级。微带线耦合器用在发射的末级时也称为定向耦合器,是对发射功率取样,反馈到功放级,用于自动功率控制。不过微带线耦合器仅是耦合器的表现形式之一,耦合器也常常是一个单独的器件,作用与变压器类似,用于信号的变换与传输,有时也称为互感器。

九、天线识别

在手机电路图中,天线通常用字母"ANT"表示。手机天线的形状多种多样,常见有两类,即外置式和内置式。随着手机小型化的发展,一些手机的内置天线通过巧妙的设计后,变得与传统的天线大不一样。比如有的内置天线是焊接在电路板上的一段金属丝,有的是机壳内的一些金属镀膜,有的仅仅是一块铜皮。应注意的是,手机的天线有其工作频段,GSM 手机的天线工作在 900 MHz 的频段,DCS 手机工作在 1 800 MHz 的频段,而 GSM/DCS 双频手机的天线则可工作在两个频段。正因为手机工作在高频段,所以天线体积可以很小。天线还涉及到阻抗匹配等问题,所以手机的天线是不可以随便更换的。另外,如果天线锈蚀、断裂、接触不良均会引起手机灵敏度下降,发射功率减弱。

十、手机集成电路识别与检测实训

1. 实训目的

掌握手机常用集成电路识别技能。

2. 实训器材与工作环境

(1) 手机主要元器件、手机主板若干,具体种类、数量由指导教师根据实际情况确定;

(2) 数字、模拟万用表各一只;

(3) 手机维修平台、热风枪、防静电调温电烙铁各一个;

(4) 建立一个良好的工作环境。

3. 实训内容

(1) 手机常用集成电路(稳压模块、时钟电路、QFP 封装和 BGA 封装、功率放大器)的识别。

(2) 拆焊手机常用集成电路,仔细观察手机常用集成电路的特点(颜色、标识、引脚等),并做简单检测。

(3) 元器件复位焊接。

4. 注意事项

(1) 学生在实训前要预习实训内容,做实验时要及时记录数据,在老师允许操作之前不允许乱动实验仪器,实训后要认真写出实训报告。要求实训环境安静、简洁、明亮,无灰尘和烟雾;工作台上应铺盖起绝缘作用的厚橡胶片;所有仪器的地线都连在一起,并良好接地。要求学生穿着不易产生静电的衣服,并在工作前要摸一下地线。

(2) 为了避免丢失元器件,应备有分别盛放元器件的容器。

5. 实训报告

根据实训内容,完成手机集成电路识别与检测实训报告。

实训报告八

手机集成电路识别与检测实训报告

实训地点			时间		实训成绩	
姓名		班级		学号	同组姓名	
实训目的						
实训器材与工作环境						
实训内容	稳压模块	VCO 组件	时钟电路	功放模块	滤波器	接插件
元件外形						
颜色						
标识						
拆焊所用工具						
封装方式						
原理图代号						
测试工具						
元件作用						
焊接所用工具						
引脚数						
第1引脚位置						
检测方法						
用时						
详细写出手机稳压模块、时钟电路、QFP 封装和 BGA 封装、功率放大器的 IC 识别步骤。						
写出此次实训过程中的体会及感想,提出实训中存在的问题。						
指导教师评语						

实训项目九　送话器、受话器和振铃器识别与检测实训

一、送话器、受话器和振铃器识别

1. 送话器

（1）识别：送话器是用来将声音转换为电信号的一种器件，它将话音信号转化为模拟的话音电信号。送话器又被称为麦克风、话筒、拾音器等。手机中常应用驻极体电容送话器。送话器在手机电路中连接的是发射音频电路，用 MIC 或 Microphone 表示。

（2）检测：送话器有正负极之分，在维修时应注意，若极性接反，则送话器不能输出信号。判断送话器是否损坏的简单方法是：将数字万用表的红表笔接在送话器的正极，黑表笔放在送话器的负极。注意，如用指针式万用表，则相反。用嘴吹送话器，观察万用表的指示，可以看到万用表的电阻值读数发生变化或指针摆动。若无指示，说明送话器已损坏；若有指示，说明送话器是好的，指示范围越大，说明送话器灵敏度越高。在实际中也可以采用直接代换法来判断其好坏。

2. 受话器

受话器被用来在电路中将模拟的话音电信号转化为声音信号，是供人们听声的器件。受话器又被称为听筒、喇叭、扬声器等。受话器的种类很多，在旧款手机中多采用动圈式受话器，属于电磁感应式的。目前，手机中使用越来越多的采用高压静电式受话器，它是通过两个靠得很近的导电薄膜间加电信号，在电场的作用下，导电薄膜发生振动，从而发出声音。受话器在手机电路中接的是接收音频电路，用字母 SPK 或 EAR 表示。

可以利用指针式万用表的电阻挡对动圈式受话器进行简单的判断：用万用表的×1 挡，用表笔断续点触受话器的两触点，受话器应发出"喀喀"声。对于高压静电式受话器，可以用嘴向送话器吹气，同时用耳朵细听是否有声音从受话器中发出。

如果用数字式万用表，可打到 200 挡，测量出动圈式受话器的电阻，如为几欧姆，则为正常，否则受话器损坏。

振铃器又称为蜂鸣器，其原理和检测方法与受话器相同。有的手机的受话器与振铃器二者用途合一。手机中的送话器、受话器和振铃器查找是很容易的，通常分别位于手机的底部和顶部。它们也常通过弹簧片或插座与手机 PCB 板相连。

3. 振动器识别

振动器俗称马达、振子，用于来电振动提示。

可以利用指针式万用表的电阻挡对振子进行简单的判断：用指针式万用表×1 挡，将表笔接触振子的两个触点，振子即会振（转）动。

二、磁控开关识别

磁控开关在手机中常常被用于手机翻盖电路中，通过翻盖的动作，使翻盖上的磁铁控制磁

控开关闭合或断开,从而挂断电话或接听电话以及键盘锁定或解锁等。常见的磁控开关有干簧管和霍尔元件。在实际维修中,如果干簧管或霍尔元件出现问题,常常导致手机按键失灵。

1. 干簧管

干簧管是利用磁场信号来控制的一种电路开关器件。干簧管的外壳一般是一根密封的玻璃管,在玻璃管中装有两个铁质的弹性簧片电极,玻璃管中充有某种惰性气体。依照干簧管内簧片平时的状态,干簧管分为常开式干簧管和常闭式干簧管。常开式干簧管在平时处于关断状态,有外加磁场时才接通;常闭式干簧管在平时处于闭合状态,有外加磁场时才断开。在实际运用中,通常使用磁铁来控制这两根金属片的接通与断开,又称其为磁控管。如摩托罗拉 V998、V8088 等前板上都有干簧管。

2. 霍尔元件

由于干簧管的玻璃罩易破碎,近年来多采用霍尔元件,其控制作用等同于干簧管,但比干簧管的开关速度快,因此,在诸多品牌手机中霍尔元件得到了广泛的应用。霍尔元件是一种电子元件,外型与晶体管相似,但引脚宽度大。其内部由霍尔元件、放大器、施密特电路和集电极开路 OC 门路组成。

三、接插件识别

接插件又称为连接器或插头座。在手机中,接插件可以提供简便的插拔式电气连接,为组装、调试、维修手机提供了方便。例如,手机的按键板、显示屏与主板的连接座,手机底部连接器与外部设备的连接,均由接插件来实现。

在实际维修中,接插件容易出现变形,一旦变形,就会造成接触不良。在使用时,注意不要让接插件受热变形或受力损坏。

四、键盘电路板识别

手机中的键盘电路(除触摸屏)一般是矩阵动态扫描方式。其中,行线(ROW)通过电阻分压为高电平,列线(COL)由 CPU 逐一扫描,低电平有效,当某个键按下时,对应交叉点上的行线、列线同时为低电平,CPU 根据检测到的电平来识别此键。

五、手机送话器、受话器、振动器识别与检测实训

1. 实训目的

掌握手机送话器、受话器、振铃器、振子识别技能,能对常见送话器、受话器、振铃器、振子进行简单检测。

2. 实训器材与工作环境

(1) 手机送话器等元器件、手机主板若干,具体种类、数量由指导教师根据实际情况确定;

(2) 数字、模拟万用表各一只;

(3) 手机维修平台、热风枪、防静电调温电烙铁各一个;

(4) 建立一个良好的工作环境。

3. 实训内容

(1) 对手机送话器、受话器、振铃器的识别和的简单检测;

(2) 拆焊(或拆卸)手机主板上的送话器、受话器、振铃器,仔细观察送话器、受话器、振

铃器的特点(颜色、标识、引脚等),并做简单检测;
(3)元器件复位。

实训报告九

手机送话器、受话器、振动器识别与检测报告

实训地点		时间		实训成绩	
姓名		班级		学号		同组姓名	

实训目的	
实训器材与工作环境	

实训内容	送话器	受话器	振铃器	振动器
元件外形				
颜色				
标识				
拆焊所用工具				
封装方式				
原理图代号				
测试工具				
元件作用				
焊接所用工具				
引脚数				
第1引脚位置				
识别方法				
用时				

详细写出用数字式万用表判断手机送话器、受话器、振动器好坏的检测方法。	
写出此次实训过程中的体会及感想,提出实训中存在的问题。	
指导教师评语	

实训项目十 手机开机电路识图实训

一、诺基亚 N1116 开机过程

1. 诺基亚 N1116 开机电路分析

(1) 当接上电池后,UEM 为 32.768 kHz 电路供电,产生 32.768 kHz 时钟信号,为开机做好准备。

(2) 当按下开机键,UEM 输出各路供电。输出 VCORE(1.36 V)、VIO(1.8 V)到 CPU,作为 CPU 的核心供电,同时 UEM 也供电到中频 IC,产生 13 MHz 时钟送到 CPU 的 T6 脚,作为 CPU 的运行时钟,同时 UEM 也送出 PURX 复信号为 CPU 复位,当 CPU 得到三个条件后,开始运行储存在存储器的开机运行程序。

(3) 一旦通过,手机就运行开机。

2. 睡眠时钟电路分析

(1) 组成

32.768 kHz 睡眠时钟电路由 UEM 和 B2200(32.768 kHz)时钟晶体组成。

(2) 工作过程

装上电池,睡眠时钟电路开始工作,产生 32.768 kHz 信号,为开机做好准备,当手机开机后,在系统规定的时间内不对手机进行操作时,CPU 的 M5 脚送出 SLEEPX(低电平)睡眠模式感应端,UEM 检测到 B13 脚由高电平转为低电平时,从 C7 脚送出 SLEEPCLK 时钟,让手机进入睡眠状态。

3. 主时钟电路分析

(1) 组成

诺基亚 N1116 的主时钟电路主要由 N7600 射频 IC、B7600(26M 时钟晶体)、CPU、电源 IC UEM 等组成。

(2) 工作过程

按下开机键,电源 IC 送出中频的供电,和 26 MHz 时钟电路供电后,26 MHz 时钟电路起振工作后,产生 26 MHz 时钟信号。

经 R7632 进入 N7600 的 7 脚,在 N7600 内部分频放大后,从 N7600 的 10 脚输出 13 MHz 主时钟信号,主时钟信号经 R2900、C2900 送到 CPU 的 T6 脚,供 CPU 作为运行时钟。

同时,电源 IC 也送出 AFC(自动频率微调控制信号),让 26 MHz 时钟电路产生准确稳定的 26 MHz 时钟信号。

4. 电源供电电路分析

(1) 组成

诺基亚 N1116 的供电主要由电源 IC 产生。

(2) 工作过程

电源 IC 主要产生以下几组供电:

① VCORE 为逻辑供电、CPU 供电，电压为 1.36 V；
② VANA 为音频基带处理供电，电压为 2.8 V；
③ VIO 为逻辑供电，电压为 1.8 V；
④ VSIM 为 SIM 卡供电，电压为 1.8/3 V；
⑤ VFLASH1 为接口电路供电，电压为 2.8 V；
⑥ VR1 为发射供电，电压为 2.8 V；
⑦ VR2 为主时钟电路供电，电压为 2.8 V；
⑧ VR3 为发射控制电压，电压为 2.8 V；
⑨ VR4 为中频供电电压，电压为 2.8 V；
⑩ VR5 为本振供电，电压为 2.8 V。

5. 电池供电分析

接上电池，X2005 的 1 脚为 VBATBB，送到电源 IC 的 P4、G1、G3、P2、C1 脚，作为电源 IC 的供电，VBATTBB 还送到 P7 脚作为电压检测和充电电压检测信号；VBATTBB 还送到 J1 脚作为充电接口电路驱动。

X2005 的 2 脚是 BSI 电池信号脚，接到 UEM 的 K13 脚；3 脚为接地脚。

VANA 与 R2203、温控电阻 R2001 组成温度检测接到 UEM 的 L14 脚，作为电池的温度检测。

6. 充电电路分析

当 UEM 的 P7 脚的电压低于其限定值时，UEM 就产生中断，提示充电。

当用户插入充电器时，充电电压就加到 X2002，经 F2000、L2000、V2000、C2007 组成的滤波稳压电路后，送到 UEM 的 G6、H6 脚，从 K2、K3 脚输出充电电压给电池正极。

P7 脚随时检测电池电压的高低，当电池电压达到规定值时，UEM 就停止输出充电电压，手机就停止充电。

二、手机开机电路原理图识图实训

1. 实训目的

（1）掌握手机开机电路工作原理的分析方法。
（2）熟悉常见手机电路图的英文缩写。
（3）掌握手机开机电路原理图的识图技巧，能查阅相关资料辨别各 IC 功能。

2. 实训器材与工作环境

（1）手机电路原理图，具体识图内容由指导教师根据实际情况确定。
（2）建立一个良好的工作环境。

3. 实训内容

（1）准备手机电源电路原理图。
（2）根据识图方法和电路识别方法，分析手机开机电路原理。
（3）运用常见手机电路图的英文缩写知识，读懂手机电源电路原理，画出相关电路图。

4. 实训报告

根据实训内容，完成手机开机电路原理图识图实训报告。

实训报告十

手机开机电路识图实训报告

实训地点			时间		实训成绩	
姓名		班级		学号		同组姓名	

实训目的	
实训器材与工作环境	

内容	组成	识别关键点(位置、功能)	用时
睡眠时钟电路			
主时钟电路			
电源供电电路			
电池供电电路			
充电电路			

根据以上识图过程,描述各电路在手机整机上的分布情况。	
写出此次实训过程中的体会及感想,提出实训中存在的问题。	
指导教师评语	

实训项目十一　　手机射频电路识图实训

一、诺基亚 N1116 射频部分电路

1. 接收电路分析

手机接收信号时，信号从天线接收下来，送到 N7700 的 15 脚，从 N7700 的 12 脚、10 脚输出，经外围器件滤波后送到 N7600 的 30 脚、29 脚（GSM）、34、35 脚（DCS），经 N7600 内部解调后从 N7600 的 45 脚、46 脚、47 脚、48 脚输出接收 IQ 信号。

2. 发射电路分析

发射时，TXIQ 信号从 N7600 的 45 脚、46 脚、47 脚、48 脚输入，经 N7600 调制后，从 N7600 的 40 脚、41 脚输出 GSM TX；42 脚、43 脚输出 DCS TX，再送到 N7700 进行功率放大后从 N7700 的 15 脚输出送到天线。

二、手机射频接收电路原理图识图实训

1. 实训目的

(1) 掌握手机射频电路工作原理的分析方法。

(2) 熟悉常见手机电路图的英文缩写。

(3) 掌握手机射频电路原理图的识图技巧，能查阅相关资料辨别各 IC 功能。

2. 实训器材与工作环境

(1) 手机射频电路原理图，具体识图内容由指导教师根据实际情况确定。

(2) 建立一个良好的工作环境。

3. 实训内容

(1) 准备手机射频电路原理图。

(2) 根据识图方法和电路识别方法，分析手机射频电路原理。

(3) 运用常见手机电路图的英文缩写知识，读懂手机的电路原理，画出相关电路图。

4. 实训报告

根据实训内容，完成手机射频电路原理图识图实训报告。

实训报告十一

手机射频电路识图实训报告

实训地点			时间		实训成绩	
姓名		班级		学号	同组姓名	
实训目的						
实训器材与工作环境						

内容	组成	识别关键点(位置、功能)	用时
接收电路			
发射电路			

根据以上识图过程,描述射频电路在手机整机上的分布情况,分别画出接收电路和发射电路的流程图。	
写出此次实训过程中的体会及感想,提出实训中存在的问题。	
指导教师评语	

实训项目十二　手机接口电路识图实训

一、接口电路

1. SIM卡电路

UEM通过G5、D3、G6脚和UPP进行数据传送，SIM时钟及SIM卡输入输出控制，UPP得到控制后，从B1、B3、A2、B2分别输出SIM卡供电、SIM卡数据、SIM卡时钟、SIM卡的复位信号，这几个信号在开机瞬间可测。

2. 耳机接口电路

当手机插入耳机时，耳机接口X2002的6脚和7脚由原来的短路状态变成开路状态，UEM的M13脚检测到耳机插进后，停止手机的内部送话和受话电路。耳机接口3脚和5脚为外部送话，接到耳机的送话器；4脚和6脚为外部听筒，接耳机的受话器。

3. 音频接口电路

当手机通话时，送话器通过把声音信号转为模拟的电流信号，进入UEM的N8脚、N9脚，在UEM内部进行音频解调。接收信号时，UEM的P12脚、P11脚输出音频信号，经音频开关（N2180、N2181）送到B2101将模拟的电流信号转变为声音信号。当需要启动扬声电路时，CPU的R4脚输出高电平，让N2180、N2181处于截止状态，同时CPU的R3脚也输出扬声器的启动控制电压，启动N2150，UEM从P13脚、N10脚输出音频信号，经N2150放大后输出，送到扬声器把模拟的电流信号转化为声音信号。

4. 按键电路

诺基亚N1116的按键电路主要由键盘、保护器件Z2400和CPU组成。

5. LCD显示接口电路

显示接口H2400，其1脚为LCDCLK，显示时钟信号，由CPU♯B7提供；2脚为显示数据信号，与CPU♯E8脚相连；3脚接地；4脚为LCD片选信号，由CPU提供；5脚为LCD复位信号，由CPU♯C9脚提供；6脚为显示背景灯供电正极；7脚为负极，主要由N2400、L2400、V2401组成的升压电路产生；8脚是空脚；9脚、10脚为显示供电。

二、手机接口电路原理图识图实训

1. 实训目的

(1) 掌握手机接口电路工作原理的分析方法。
(2) 掌握手机接口电路原理图的识图技巧，能查阅相关资料辨别各IC功能。

2. 实训器材与工作环境

手机电路原理图，具体识图内容由指导教师根据实际情况确定。

3. 实训内容

(1) 准备手机接口电路原理图。
(2) 根据识图方法和电路识别方法，分析手机接口电路原理。

(3) 运用常见手机电路图的英文缩写知识,读懂手机接口电路原理,画出相关电路图。
4. 实训报告
根据实训内容,完成手机接口电路原理图识图实训报告。

实训报告十二

手机接口电路识图实训报告

实训地点			时间		实训成绩	
姓名		班级		学号	同组姓名	
实训目的						
实训器材与工作环境						

内容	组成	识别关键点(位置、功能)	用时
SIM 卡电路			
耳机接口电路			
音频接口电路			
按键电路			
LCD 显示接口电路			
根据以上识图过程,描述各电路在手机整机上的分布情况。			
写出此次实训过程中的体会及感想,提出实训中存在的问题。			
指导教师评语			

实训项目十三　手机常见的电源电压信号测试实训

万用电表是一种最常用的电气测量仪表,具有携带方便、测量范围广、精度较高的特点,因此必须熟练掌握万用电表的使用方法。本实训是用万用表对手机电源电压信号进行测量。

一、万用表

常用的指针式万用表能分别测量交直流电压、直流电流、电阻及音频电平,适宜于无线电、电讯及电工事业单位作一般测量之用。

常用的数字万可用来测量直流和交流电压、电阻、电容、二极管、三极管及连续性测量,具有读数和单位符号同时显示功能,并配以全功能过载保护电路,是手机维修的理想工具。

二、手机常见的电源电压信号测试实训

1. 实训目的

(1) 掌握万用表的使用方法,能够熟练地采用万用表进行手机信号的测量。

(2) 熟悉手机的电源电压。

2. 实训器材及工作环境

(1) 试验用手机若干,具体种类、数量由指导教师根据实际情况确定。

(2) 指针式万用表和数字万用表各 1 台,稳压电源 1 台。

(3) 建立一个良好的工作环境。

3. 实训内容

请指导教师选择一款机型,让学生用指针式万用表或数字万用表测量手机的各电源电压,并以诺基亚 N1116 为例,对其关键电压进行测量。

4. 实训报告

根据实训内容,完成手机常见的电源电压信号测试实训报告。

实训报告十三

手机常见的电源电压信号测试实训报告

实训地点			时间		实训成绩	
姓名		班级		学号		同组姓名	

实训目的	
实训器材与工作环境	

测试信号	功用	测试结果	数值分析	用时
VR1				
VR2				
VR3				
VR4				
VR5				
VCORE				
VIO				
VSIM				
VFLASH1				
VFLASH				
VLED＋				
VLED－				

详细写出利用万用表测试某一款手机电源的过程,并指出实训过程中遇到的问题及解决方法。	
写出此次实训的体会及感想,提出实训中存在的问题。	
指导教师评语	

实训项目十四　手机常见的信号和波形测试实训

手机电路中有很多关键测试点用万用表很难确定信号是否正常,此时,必须借助数字频率计、示波器或频谱分析仪进行测量。示波器或频谱分析仪是反映信号瞬变过程的仪器,它能把信号波形变化直观地显示出来。

一、示波器及频谱分析仪

示波器是一种能观察各种电信号波形并可测量其电压、频率等的电子测量仪器。示波器还能对一些能转化成电信号的非电量进行观测,因此它还是一种应用非常广泛的、通用的电子显示器。手机中的脉冲供电信号、时钟信号、数据信号、系统控制信号,以及 RXI/RXQ、TXI/TXQ 和部分射频电路的信号等,都能在示波器或频谱分析仪的屏幕上看到。通过将实测波形与图纸上的标准波形(或平时观察的正常手机波形)作比较,就可以为维修工作提供判断故障的依据。

一般情况下,可以用示波器判断 13 MHz 电路信号的存在与否,以及信号的幅度是否正常,然而,却无法利用示波器确定 13 MHz 电路信号的频率是否正常,用频率计可以确定 13 MHz 电路信号的有无,以及信号的频率是否准确,但却无法用频率计判断信号的幅度是否正常。然而,使用频谱分析仪可迎刃而解,因为频谱分析仪既可检查信号的有无,又可判断信号的频率是否准确,还可以判断信号的幅度是否正常。同时它还可以判断信号,特别是 VCO 信号是否纯净,可见频谱分析仪在手机维修过程中是十分重要的。

二、用示波器测量手机信号波形实训

1. 实训目的

(1)掌握示波器的使用方法,能够熟练地采用示波器进行手机关键信号波形的测量。

(2)熟悉手机的关键信号波形。

2. 实训器材及工作环境

(1)试验用诺基亚 N1116 型手机 1 台。

(2)示波器 1 台,稳压电源 1 台。

(3)建立一个良好的工作环境。

3. 实训内容

学生用示波器对手机关键测试点进行波形测量。

4. 注意事项

对一些测试点进行测量时,需启动相应的电路。

测试仪器的地线要连接在一起。

5. 实训报告

根据实训内容,记录并填写内容,指导教师对学生的操作给出评语和评分。

实训报告十四

手机常见的信号和波形测试实训报告

实训地点				时间		实训成绩		
姓名		班级		学号		同组姓名		
实训目的								
实训器材与工作环境								
测试信号		测试点		测试波形图		波形分析		用时
26 MHz 信号								
32.768 kHz 信号								
休眠时钟信号								
RXI/RXQ 信号								
TXI/TXQ 信号								
TXP 前端控制信号								
TXC 前端控制信号								
VSIM 信号								
RFBUSCLK 射频总线时钟信号								
CBUSCLK 总线时钟信号								
DBUSCLK 总线时钟信号								
详细写出利用示波器测量某一款手机的过程,并指出实训过程中遇到的问题及解决方法。								
写出此次实训过程的体会及感想,提出实训中存在的问题。								
指导教师评语								

实训项目十五　手机软件测试实训

手机软件测试是手机软件开发中的一个重要环节。手机软件测试是一门崭新的学科，目前研究的内容还很不深入，但手机软件测试与手机检测技术及维修技能的相关性无可置疑。作为软件质量保证和可靠性的关键技术手段，软件测试正日益受到重视。

一、软件测试的核心

一切从用户的需求出发，从用户的角度去看手机，用户会怎么去使用手机，用户在使用过程中会遇到什么样的问题。只有这些问题都解决，手机软件的质量才有保证。软件测试的核心有以下几点：

(1) 确认软件的质量。
(2) 提供反馈信息。
(3) 保证整个软件开发过程的高质量。

二、手机软件测试的重要性

(1) 发现手机软件错误。
(2) 有效定义和实现手机软件成分由低层到高层的组装过程。
(3) 验证手机软件是否满足系统所规定的技术要求。
(4) 为手机软件质量模型的建立提供依据。

三、手机软件测试实训报告

1. 实训目的

(1) 掌握手机软件测试技能，能对手机的通用功能进行测试。
(2) 提高对手机软件测试的认识。

2. 实训器材及工作环境

(1) 试验用手机若干，具体种类、数量由指导教师根据实际情况确定。
(2) 相应手机软件测试主要内容。
(3) 建立一个良好的工作环境。

3. 实训内容

(1) 请指导教师选择几款机型，指导学生对手机进行基本测试操作。
(2) 指导教师对学生测试的每一款机型给出成绩。

4. 注意事项

(1) 注意测试内容的选取。
(2) 注意每种类型手机的软件测试方法。

5. 实训报告

根据实训内容，完成手机软件测试实训报告。

实训报告十五

手机软件测试实训报告

实训地点		时间		实训成绩	
姓名		班级		学号		同组姓名	

实训目的	
实训器材与工作环境	

实训内容	第1款手机	第2款手机	第3款手机	第4款手机
手机型号				
开机驻留时延测试				
关机时延测试				
CS 域业务接入时延				
PS 域业务接入时延测试				
打开电话簿时延				
存储新建的联系人时延				
存储短信时延				
存储多媒体文件时延				
打开浏览器时延				
播放多媒体文件时延				
打开 GPS 定位时延				
CS 域语音业务和 PS 域下载业务并发				
MP3 播放的同时进行上网业务并发				
多个 FTP 下载				
用时				

详细写出手机开机驻留时延测试的分析方法，并指出实训过程中遇到的问题及解决方法。	
写出此次实训过程中的体会及感想，提出实训中存在的问题。	
指导教师评语	

实训项目十六　利用手机指令秘技维修手机故障实训

所谓手机指令秘技，是指利用手机的键盘，输入操作指令，不需任何检修仪，即可对手机功能进行测试和程序设定。通过手机指令秘技操作，可以既简单又方便地解决手机软件故障及软件设置错误引起的故障，所以此法可称其为维修软件故障的"秘诀"。因手机型号的不同，其操作方法也有所不同。当然，使用这种方法的前提是手机必须能开机。

一、利用手机指令秘技维修手机故障实训

1. 实训目的

（1）掌握利用手机指令秘技维修手机故障的技能，能对常见手机的软件故障进行简单维修。

（2）提高对手机软件故障的认识。

2. 实训器材及工作环境

（1）试验用手机若干，种类、数量由指导教师根据实际情况确定。

（2）相应手机指令秘技资料。

（3）建立一个良好的工作环境。

3. 实训内容

（1）请指导教师选择几款机型，指导学生使用手机指令秘技对手机进行操作，并记忆常用指令秘技。

（2）指导教师对学生操作的每一款机型给出成绩。

4. 注意事项

（1）注意指令秘技应用的范围。

（2）注意每种类型手机的软件故障特点。

5. 实训报告

根据实训内容，完成利用手机指令秘技维修手机故障实训报告。

实训报告十六

利用手机指令秘技维修手机故障实训报告

实训地点				时间		实训成绩	
姓名		班级		学号		同组姓名	
实训目的							
实训器材与工作环境							
实训内容		第1款手机		第2款手机		第3款手机	第4款手机
手机型号							
使用秘技1	功能						
	屏幕内容						
使用秘技2	功能						
	屏幕内容						
使用秘技3	功能						
	屏幕内容						
使用秘技4	功能						
	屏幕内容						
使用秘技5	功能						
	屏幕内容						
用时							
详细写出利用手机指令秘技维修某一款手机的分析方法和维修方法,并指出实训过程中遇到的问题及解决方法。							
写出此次实训过程中的体会及感想,提出实训中存在的问题。							
指导教师评语							

实训项目十七　手机免拆机软件维修仪的操作与使用

假若计算机出现系统不能启动的故障,若计算机硬件本身正常,一般情况下可通过重新安装 Windows 系统来解决问题,这属于"软件"故障。手机也有软件故障,随着数字手机的不断推陈出新,越来越多的手机故障都是由于手机的软件所致的,例如不开机、不入网、不显示、不识卡、锁机、联系服务商、软件出错、输入特别码等。对于这些由于手机软件所引起的故障,可用一些维修软件来进行处理,重新向手机输入相应机型的资料或者对手机资料的某些参数进行修复,此过程也可通俗地称为"刷机"。

在本次实训项目中,我们主要介绍手机免拆机软件维修仪——钻石神手的操作与使用。

一、手机刷机的工具

(1) 安装 XP 操作系统的计算机一台;
(2) 手机免拆机软件维修仪(钻石神手)一套,如图 17-1 所示。

图 17-1　钻石神手维修仪

二、专用维修仪——钻石神手的功能

(1) 支持 26 路任意定义,超强扫描芯片,能插就能用;
(2) 首创"MTK 聪明快速写入法";
(3) 内置可升级 HWK,配套万能夹具,轻松搞定诺基亚等品牌机;
(4) 双机同刷,省时省力;
(5) 内置 USB 侦测专用芯片,USB 侦测更快、更准确;

· 46 ·

(6) 主控平台操作简单,自动转换正负极更方便;

(7) 支持三星、LG、多普达、酷派等 3G 手机;

(8) 全面的保护功能,让仪器和手机更安全。

三、手机刷机的方法

1. 建立一个良好的工作环境

(1) 环境应简洁、明亮,无浮尘和烟雾;

(2) 远离干扰源。

2. 安装好钻石神手刷机软件

3. 钻石神手刷机的具体方法

现在以诺基亚 N1116 为例说明刷机过程。

(1) 查资料,得知诺基亚 N1116 采用的夹具型号是 DCT4-C,如图 17-2 所示。

(2) 将钻石神手的电源打开,并将夹具和电源线夹在手机上;

(3) 打开钻石神手"天目 HWK 维修仪",并选择诺基亚系列,机型选择 1110,如图 17-3 所示。

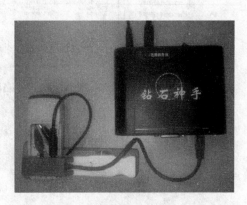

图 17-2

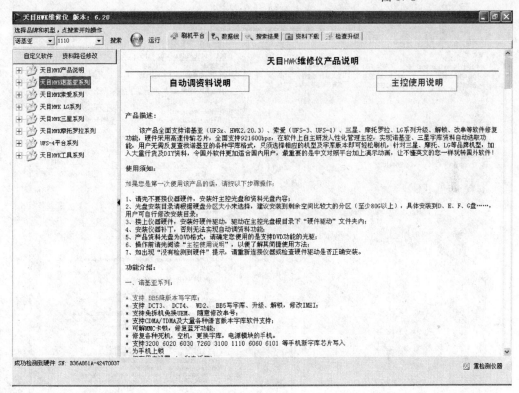

图 17-3

(4) 单击运行"DCTxBB5平台"(具体可以参阅"模拟演示"),如图17-4、图17-5所示。

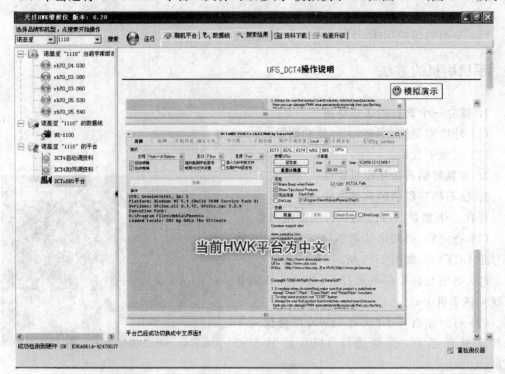

图 17-4

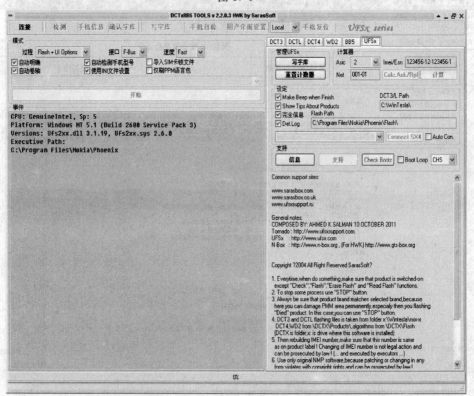

图 17-5

(5) 单击"连接"按钮,将钻石神手与手机连接起来,如图17-6、图17-7所示。

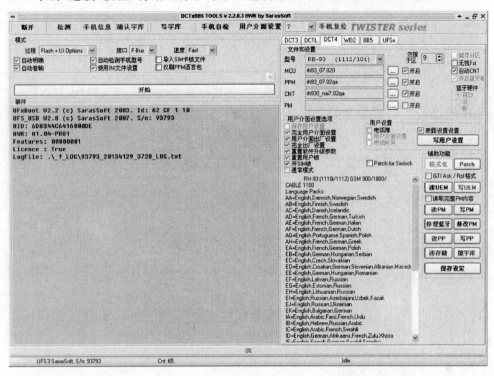

图 17-6

(6) 调用 MCU/PPM/CNT 的相应资料,如诺基亚 N1116 的 Type 是 RH-93,如图 17-7 所示。

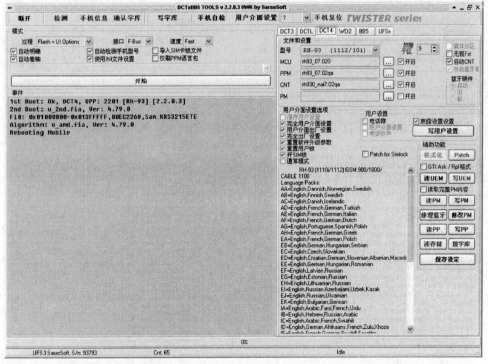

图 17-7

（7）最后，直接单击"写字库"，如图17-8、图17-9所示。

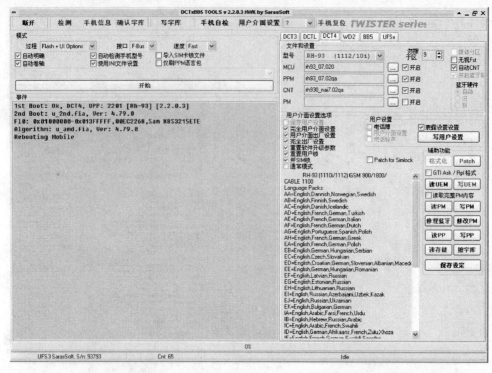

图17-8

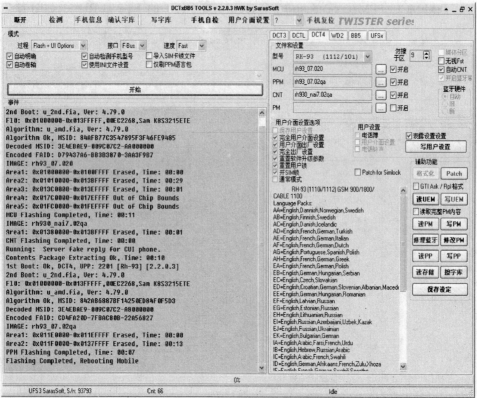

图17-9

四、注意事项

(1) 刷机前要找准相对应的夹具型号；
(2) 连接手机的电源线不要接反；
(3) 手机字库的资料要准确，不要刷不同型号的资料。

五、手机刷机的实操

1. 实训目的

(1) 熟悉掌握手机刷机方法。
(2) 熟悉钻石神手的使用方法。

2. 实训器材与工作环境

(1) 诺基亚 N1116 手机一部，其他手机一部。
(2) 安装 XP 系统的计算机一台、手机维修专用仪器——钻石神手一套。
(3) 建立一个良好的工作环境。

3. 实训内容

(1) 手机刷机工具的认识；
(2) 手机刷机的步骤。

4. 实训报告

根据实训内容，完成手机免拆机软件维修仪的操作与使用实训报告。

实训报告十七

手机免拆机软件维修仪的操作与使用实训报告

实训地点			时间		实训成绩	
姓名		班级		学号	同组姓名	
实训目的						
实训器材与工作环境						
实训内容		第1款手机			第2款手机	
手机型号						
字库型号						
夹具型号						
IMEI 码						
用时						
详细写出某一款手机的刷机步骤，并指出实训过程中遇到的问题及解决方法。						
写出此次实训过程中的体会及感想，提出实训中存在的问题						
指导教师评语						

附录 《手机检测与维修》习题及参考答案

第1章习题及参考答案

一、填空题

1. 单频手机中的 VCO 组件一般有 4 个引脚：<u>输出端</u>、<u>电源端</u>、<u>控制端</u>及<u>接地端</u>。
2. 滤波器按其介质分，可分为<u>声表面滤波器</u>、<u>晶体滤波器</u>、<u>陶瓷滤波器</u>和<u>LC 滤波器</u>。
3. 手机电路中使用的 IC 的封装形式有：<u>SOP</u>、<u>QFP</u>、<u>BGA 封装</u>等。

二、判断题

1. 13 MHz 石英晶振和 13 MHz VCO 组件上面一般标有"13"的字样。（√）
2. 基准频率时钟电路所引发的故障在手机故障中占有很大的比例，尤其是摔坏的手机更易引起该电路的损坏。（√）
3. 实时石英晶体的表面，大多数都标有 32.768 的字样。（√）
4. 功放的负载是天线，在正常工作状态，功放的负载是不允许开路的，因为负载开路会因能量无处释放而烧坏功放。所以在维修时应注意这一点，在拆卸机器取下天线时，应接上一条短导线充当天线。（√）
5. 手机电路板上的电容颜色越深，电容量越大。（√）
6. 由于手机天线还涉及到阻抗匹配等问题，所以手机的天线是不可以随便更换的。（√）
7. 如果手机天线锈蚀、断裂、接触不良均会引起手机灵敏度下降，发射功率减弱。（√）
8. 在实际维修中，手机接插件容易出现变形，一旦变形，就会造成接触不良。在使用时，注意不要让接插件受热变形或受力损坏。（√）
9. 在手机电路图中，天线通常用字母"SPK"表示。（×）

三、选择题

1. 手机中的电阻的颜色绝大多数是（A）。
   A. 黑色　　　　　　B. 红色　　　　　　C. 绿色　　　　　　D. 黄色
2. 5R1 表示（A）。
   A. 5.1 Ω　　　　　B. 51 Ω　　　　　　C. 510 Ω　　　　　D. 5 100 Ω
3. 手机中的电容的颜色绝大多数是（D）。
   A. 黑色　　　　　　B. 红色　　　　　　C. 绿色　　　　　　D. 棕色
4. 手机中的晶体管与场效应管的颜色绝大多数是（A）。
   A. 黑色　　　　　　B. 红色　　　　　　C. 绿色　　　　　　D. 黄色
5. 手机电路中的 LPF 表示的是（B）滤波器。
   A. 高通　　　　　　B. 低通　　　　　　C. 带通　　　　　　D. 全通
6. 功率放大器属于（A）。

A. 发射电路　　　　　B. 接收电路　　　　　C. I/O 电路　　　　　D. 电源电路

7.（B）在手机电路中一般用字母 MIC 或 Microphone 表示。

A. 送话器　　　　　　B. 受话器　　　　　　C. 振动器　　　　　　D. 放大器

8.（A）在手机电路中一般用字母 SPK 或 EAR 表示。

A. 送话器　　　　　　B. 受话器　　　　　　C. 振动器　　　　　　D. 放大器

9. 手机稳压块上标明"28P"，表示输出电压是（A）V。

A. 2.8　　　　　　　　B. 28　　　　　　　　C. 0.28　　　　　　　D. 280

四、简答题

1. 简述手机整机拆装方法。

答：以诺基亚 3210 手机的拆装为例：

（1）按住手机后盖下部的按钮，推出电池后盖。

（2）取出电池。

（3）分离天线两边的塑扣，取出内置天线。

（4）拧下 4 个固定螺钉，取出金属后盖。

（5）用镊子取出外接接口组件，取出主板。

（6）取下按键膜，取出显示屏总成（即完整的一套显示屏），剥离显示屏固定锁扣。

（7）卸下显示屏的固定框，取下显示屏。

（8）重装的步骤与拆卸步骤相反。

2. 简述手机整机拆装的注意事项。

答：(1) 建立一个良好的工作环境。所谓良好的工作环境，应具备如下条件：环境应简洁、明亮，无浮尘和烟雾，尽量远离干扰源；在工作台上铺盖一张起绝缘作用的厚橡胶片；准备一个带有许多小抽屉的元器件架，可以分门别类地放置相应的配件。

(2) 预防静电干扰。应将所有仪器的地线都连接在一起，并良好地接地，以防止静电损伤手机的 CMOS 电路；要穿不易产生静电的工作服，并注意每次在拆机器前，都要用手触摸一下地线，把人体的静电放掉，以免静电击穿零部件。

(3) 养成良好的维修习惯。拆卸下的元器件要存放在专用元器件盒内，以免丢失而不能复原手机。

(4) 翻盖式和折叠式的手机都有磁控管类器件，换壳重装时，不要遗忘小磁铁，以免磁控管失控，造成手机无信号指示。

(5) 重装前板与主板无屏蔽罩的手机时，切莫遗忘安装挡板（带挡板的以三星系列手机居多），以免手机加电时前后电路板元件短路，损坏手机。

3. 简述防静电调温电烙铁和热风枪的使用注意事项。

答：防静电调温电烙铁使用时应注意以下几点：

（1）使用的防静电调温电烙铁确认已经接地，这样可以防止工具上的静电损坏手机上的精密元器件。

（2）应该调整到合适的温度，不宜过低，也不宜过高。用烙铁做不同的操作，比如清除或焊接的时候，以及焊接不同大小的元器件的时候，应该相应地调整烙铁的温度。

（3）及时清理烙铁头，防止因为氧化物和碳化物损害烙铁头而导致焊接不良，定时给烙铁上锡。

（4）对于引脚较少的片状元器件的焊接与拆焊，常采用轮流加热法。

（5）烙铁不用的时候应当将温度旋钮旋至最低或关闭电源,防止因为长时间的空烧而损坏烙铁头。

热风枪使用时应注意以下几点：

（1）温度旋钮和风量旋钮的选择要根据不同集成组件的特点,以免温度过高损坏组件或风量过大吹丢小的元器件。

（2）用热风枪吹焊 SOP、QFP 和 BGA 封装的片状元器件时,初学者最好先在需要吹焊的集成块四周贴上条形纸带,可以避免损坏其周围元器件。

（3）注意吹焊的距离适中。距离太远吹不下来元器件,距离太近又会损坏元器件。

（4）风嘴不能集中于一点吹,应按顺时针或逆时针的方向均匀转动手柄,以免吹鼓、吹裂元件。

（5）不能用热风枪吹接插件的塑料部分。

（6）不能用风枪吹灌胶集成块,应先除胶。以免损坏集成块或板线。

（7）吹焊组件要熟练准确,以免多次吹焊损坏组件。

（8）吹焊完毕时,要及时关闭热风枪,以免持续高温降低手机的使用寿命。

4. 简述手机贴片分立元器件拆焊与焊接方法。

答：(1) 分立元件的拆焊

① 在用热风枪拆焊分立元器件之前,一定要将手机电路板上的备用电池拆下(特别是备用电池离所拆元器件较近时),否则,备用电池很容易受热爆炸,对人身构成威胁。

② 将电路板固定在手机维修平台上,打开带灯放大镜,仔细观察欲拆卸的分立元器件的位置。

③ 用小刷子将元器件周围的杂质清理干净,往元器件上加注少许助焊剂。

④ 安装好热风枪的细嘴喷头,打开热风枪电源开关,调节热风枪温度开关在 2～3 挡,风速开关在 1～2 挡。

⑤ 一只手用镊子夹住分立元件,另一只手拿稳热风枪手柄,使喷头离欲拆焊元件保持垂直,距离为 2～3 cm,沿元器件上均匀加热,喷头不可触元器件。待元器件周围焊锡熔化后用镊子将元器件取下。

(2) 分立元器件的焊接

① 用镊子夹住欲焊接的分立元器件放置到焊接的位置,注意要放正,不可偏离焊点。若焊点上焊锡不足,可用电烙铁在焊点上加注少许焊锡。

② 打开热风枪电源开关,调节热风枪温度开关在 2～3 挡,风速开关在 1～2 挡。使热风枪的喷头离欲焊接的元件保持垂直,距离为 2～3 cm,沿元件上均匀加热。待元器件周围焊锡熔化后移走热风枪喷头。

③ 焊锡冷却后移走镊子。

④ 用无水酒精或天那水将元器件周围清理干净。

5. 简述手机 SOP 和 QFP 封装 IC 拆焊和焊接方法。

答：(1) SOP 和 QFP 封装 IC 的拆焊

① 在用热风枪拆焊贴片 IC 之前,一定要将手机电路板上的备用电池拆下(特别是备用电池离所拆 IC 较近时),否则,备用电池很容易受热爆炸,对人身构成威胁。

② 将电路板固定在手机维修平台上,打开带灯放大镜,仔细观察欲拆焊 IC 的位置和方位,并做好记录,以便焊接时恢复。

③ 用小刷子将贴片 IC 周围的杂质清理干净,往贴片 IC 管脚周围加注少许助焊剂。

④ 调好热风枪的温度和风速。温度开关一般调至 3~5 挡,风速开关调至 2~3 挡。

⑤ 用单喷头拆卸时,应注意使喷头和所拆 IC 保持垂直,并沿 IC 周围管脚慢速旋转,均匀加热,喷头不可触及 IC 及周围的外围元器件,吹焊的位置要准确,且不可吹跑集成电路周围的外围较小的元器件。

⑥ 待集成电路的管脚焊锡全部熔化后,用医用针头或镊子将 IC 掀起或镊走,且不可用力,否则,极易损坏 IC 的锡箔。

(2) SOP 和 QFP 封装 IC 的焊接

① 将焊接点用平头烙铁整理平整,必要时,对焊锡较少焊点应进行补锡,然后,用酒精清洁干净焊点周围的杂质。

② 将更换的 IC 和电路板上的焊接位置对好,用带灯放大镜进行反复调整,使之完全对正。

③ 先用电烙铁焊好 IC 的四脚,将集成电路固定,然后,再用热风枪吹焊四周。焊好后应注意冷却,不可立即去动 IC,以免其发生位移。

④ 冷却后,用带灯放大镜检查 IC 的管脚有无虚焊,若有,应用尖头电烙铁进行补焊,直至全部正常为止。

⑤ 用无水酒精将集成电路周围清理干净。

6. 简述手机 BGA 封装 IC 拆焊和焊接方法。

答:(1) 对 BGA 封装 IC 进行定位。

(2) BGA 封装 IC 的拆焊。

① 在 IC 上面放适量助焊剂。

② 调节热风枪温度在 280~300℃,风速开关调至 2 挡,(对于无铅产品,风枪温度为 310~320℃),在芯片上方约 2.5 cm 处作螺旋状吹,直到 IC 底下的锡珠完全熔解,用镊子轻轻托起 IC。

③ 对于有封胶的 BGA 封装 IC,在无溶胶水的情况下,可先用焊枪对着封胶的 IC 四周吹焊,把 IC 的每个脚位的部分都吹融化,在焊枪慢慢地转着吹的同时,再用刮刀往 IC 底下撬,可将 IC 与电路板分离。

④ IC 取下后,用防静电调温电烙铁将电路板上多余焊锡去除,并适当上锡使电路板的每个焊脚光滑圆润。

(3) BGA 封装 IC 的植锡,包括:清洗、固定、上锡、吹焊植锡、调整。

(4) BGA 封装 IC 的焊接。

① 焊接前先要对 BGA 封装 IC 进行定位。

② 先将 IC 有焊脚的那一面涂上适量助焊剂,用热风枪轻轻吹一吹,使助焊剂均匀分布于 IC 的表面,为焊接作准备。

③ 进行焊接。

④ 借助带灯放大镜灯对已焊上电路板上的 BGA 封装 IC 进行检查。

7. 简述用数字万用表检测手机电容器好坏的方法。

答:用数字万用表检测电容器,可按以下方法进行。数字万用表具有测量电容的功能,其量程分为 2000 pF、20 nF、200 nF、2 μF 和 20 μF 五挡。测量时,将数字万用表拨到测量电容的量程,将已放电的手机电容两引脚焊上引线后,直接插入表板上的 Cx 插孔,选取适当的量程后就可读取显示数据。显示数字稳定,则电容是好的,若显示不稳定,或显示为0,则电容已损坏。

8. 简述用数字万用表判断电感好坏的方法。

答:用数字万用表无法直接测量电感器的电感量和品质因数,只能定性判断电感线圈的好坏。因大多数电感线圈的直流电阻不会超过1Ω,所以用数字万用表的200Ω挡测量电感线圈两端的电阻应近似为零。如显示为1或较大的电阻读数,则表明电感线圈已断路或损坏。大多数电感发生故障均是断路,而电感线圈内部发生短路的情况极少见,所以在实际检修中主要测量它们是否开路,或者用一个新电感进行更换来判断。如果数字万用表显示不稳定,说明内部接触不良。

9. 简述用数字万用表检测二极管好坏的方法。

答:用数字万用表检测二极管时,将量程打到二极管测量挡,红表笔接二极管的正极,黑表笔接二极管的负极,显示有数字(数字为0.5左右,表明是硅二极管,数字为0.2左右,表明是锗二极管);红表笔接二极管的负极,黑表笔接二极管的正极,若显示数字为1,则二极管是好的,反之,为坏。

10. 简述判断手机三极管好坏的检测步骤。

答:将指针万用表打在 $R \times 100$ 或 $R \times 1k$ 挡上。红笔接触某一管脚,用黑表笔分别接另外两个管脚,这样就可得到三组(每组两次)读数,当其中一组两次测量都是几百欧的低阻值时,若公共管脚是红表笔,所接触的是基极,且三极管的管型为 PNP 型;若公共管脚是黑表笔,所接触的是也是基极,且三极管的管型为 NPN 型。其次可判别三极管的发射极和集电极。在判别出管型和基极后,可用下列方法来判别集电极和发射极。将指针万用表打在 $R \times 1k$ 挡上。用手将基极与另一管脚捏在一起(注意不要让电极直接相碰),为使测量现象明显,可将手指湿润一下,将红表笔接在与基极捏在一起的管脚上,黑表笔接另一管脚,注意观察万用表指针向右摆动的幅度。然后将两个管脚对调,重复上述测量步骤。比较两次测量中表针向右摆动的幅度,找出摆动幅度大的一次。对 PNP 型三极管,则将黑表笔接在与基极捏在一起的管脚上,重复上述实验,找出表针摆动幅度大的一次,对于 NPN 型,黑表笔接的是集电极,红表笔接的是发射极。对于 PNP 型,红表笔接的是集电极,黑表笔接的是发射极。在测量过程中如果别不出三个极的极性,说明三极管是坏的。

11. 简述判断手机场效应管好坏的检测步骤。

答:可用指针式万用表来定性判断 MOS 型场效应管的好坏。先用万用表 $R \times 10k$ 挡(内置有 9V 或 15V 电池),把负表笔(黑)接栅极(G),正表笔(红)接源极(S)。给栅、源极之间充电,此时万用表指针有轻微偏转。再改用万用表 $R \times 1$ 挡,将负表笔接漏极(D),正笔接源极(S),万用表指示值若为几欧姆,则说明场效应管是好的;反之,则是坏的。

12. 简述手机受话器的检测方法。

答:送话器有正负极之分,在维修时应注意,若极性接反,则送话器不能输出信号。判断送话器是否损坏的简单方法是:将数字万用表的红表笔接在送话器的正极,黑表笔放在送话器的负极。注意,如用指针式万用表,则相反。用嘴吹送话器,观察万用表的指示,可以看到万用表的电阻值读数发生变化或指针摆动。若无指示,说明送话器已损坏;若有指示,说明送话器是好的,指示范围越大,说明送话器灵敏度越高。

13. 简述手机振动器的检测方法。

答:可以利用万用表的电阻 $R \times 1$ 挡对振子进行简单的判断:用万用表的表笔接触振子

的两个触点，振子即会振（转）动，则为正常。

14. 简述手机送话器的检测方法。

答：可以利用指针万用表的电阻挡对动圈式受话器进行简单的判断：用指针万用表的电阻 $R\times 1$ 挡测其两端，正常时，电阻应接近零，且表笔断续点触时，听筒或振铃器应发出"喀、喀"声，说明手机送话器是好的。反之，则是坏的。

15. 简述磁控开关的检测方法。

答：干簧管的检测较容易。检测时可以将它拆下，在它的感应处放一磁铁，再用万用表测量通断，即可判定干簧管的好坏。

霍尔器件的检测需要在通电状态下进行。将霍尔器件拆下后，先通电，并在输出端串联电阻，当磁铁远离霍尔器件时，霍尔器件的输出电压为高电平，当磁铁靠近霍尔器件时，霍尔器件的输出电压为低电平，这说明该霍尔器件是好的。如果磁铁靠近或离开霍尔器件时，即该霍尔器件的输出电平保持不变，则说明该霍尔器件已损坏。

第2章习题及参考答案

一、填空题

1. 在通信系统中,常用的多址方式有<u>频分多址</u>、<u>时分多址</u>、<u>码分多址</u>。
2. 在数字信号的调制中,常见的调制方式有改变无线电载波信号振幅的叫<u>幅移键控(ASK)</u>,改变频率的叫<u>频移键控(FSK)</u>,改变相位的叫<u>相移键控(PSK)</u>,也可以同时改变振幅和相位的叫<u>正交振幅调制(QAM)</u>。
3. 语音编码技术通常分为三类:<u>波形编码</u>、<u>声源编码</u>、<u>混合编码</u>。
4. 手机 CPU 工作的三要素是<u>电源</u>、<u>时钟</u>、<u>复位</u>。
5. 手机电路基本包括 4 大组成部分,分别是<u>射频部分</u>、<u>逻辑/音频部分</u>、<u>输入/输出接口部分</u>、<u>电源部分</u>。
6. 手机电路原理图中的"3 种线"是:<u>信号通道线</u>、<u>控制线</u>、<u>电源线</u>。

二、判断题

1. 蓝牙通信电路工作在 2.4 GHz 开放频段内的短距离无线通信。(√)
2. 手机图样分为原理方框图、电路原理图和元件分布图三种。(×)
3. 手机电路中常用的英文标注有 AUDIO 表示视频电路。(×)
4. 手机电路板实物图的特点是:这种图标明了手机电路板的重要测试点的位置、波形、电压和主要元件故障现象,使维修变得更方便。(√)
5. 手机升压电路通常用来驱动手机喇叭音量。(×)

三、选择题

1. GSM 手机的系统时钟频率一般为(A)MHz。
   A. 13   B. 130   C. 1 300   D. 13 000
2. GSM 手机的实时时钟频率一般为(A)KHz。
   A. 32.768   B. 327.68   C. 3276.8   D. 32768
3. 手机输入,输出(I/O)接口部分不包括以下哪个部分(D)。
   A. 模拟接口   B. 数字接口   C. 人机接口   D. 空中接口
4. 信号频率标注在 935~960 MHz(或 1 805~1 880 MHz)之间,则判定它所在的电路是接收机电路(A)部分。
   A. 射频   B. 中频   C. 音频   D. 低频
5. 信号频率标注在 890~915 MHz(1 710~1 785 MHz)之间,可判定它所在的电路为(A)电路。
   A. 发射机   B. 接收机   C. I/O   D. CPU
6. 手机电路中常用的英文标注有 RX 表示(B)电路。
   A. 发射机   B. 接收机   C. 射频功放   D. CPU
7. 手机电路中常用的英文标注有 TX 表示(A)电路。
   A. 发射机   B. 接收机   C. 射频功放   D. CPU
8. (A)电路识别可通过送话器和耳机图形来查找。
   A. 音频   B. 逻辑   C. I/O   D. 电源
9. 手机电路中有英文缩写 SPK,说明电路是(A)。

A. 接收音频电路　　　B. 频率合成电路　　　C. I/O电路　　　D. 发射机电路

10. 如手机电路用英文缩写来标识,如"SIMVCC""SIMDATA"、"SIMRST"、"SIM-CLK"等,无论哪一种手机电路,只要看到这样的标识,就可断定为(A)电路。

A. SIM卡　　　B. 键盘接口　　　C. LCD屏显　　　D. 振铃器

11. 手机电路中用英文缩写"VB"或"B+"表示是(D)电路。

A. 射频　　　B. 逻辑/音频　　　C. 输入/输出接口　　　D. 电源

四、简答题

1. 简述三种基本多址技术的原理,通过比较说明各自的优缺点。

答:频分多址(FDMA)是把通信系统的总频段划分成若干个等间隔的频道(或称信道)分配给不同的用户使用。

时分多址(TDMA)把时间分割成同周期的时帧,每一时帧再分割成若干个时隙(无论时帧或时隙都是互不重叠的),然后根据一定分配原则,使每个用户手机在每帧内只能在指定时隙内向基站发射信号。

码分多址(CDMA)指传输信息所用的信号不是靠频率不同或时隙不同来区分的,而是用各不相同的编码序列来区分的。

多址技术的意义:使基站能从众多手机的信号中区分出是哪一部手机发出的信号,而每部手机也能识别出基站发出的信号中哪个是发给自己的信号。

2. 简述什么叫调制技术,在通信系统中为什么要进行调制。

答:调制是用调制信号改变无线电载波信号的某一参数,以便把数字信号传递出去的过程。调制技术是把基带信号变换成传输信号的技术。原始信号由于频率、带宽等原因易受干扰,不适合直接发射,所以在通信系统中常使用高频信号作为载波,把需要传输的信号混入载波中,通过天线发射。

3. 通过比较三种编码方式,简述三种编码方式各自的优缺点。

答:语音编码技术通常分为三类:波形编码、声源编码和混合编码。

波形编码技术能尽可能精确地再现原来的语音波形,但在16 kbit/s以下时,话音波形编码器的话音质量通常迅速下降。

声源编码技术可以把数字话音信号压缩到4.8～2 kbit/s的范围。

混合编码技术将波形编码技术和声源编码技术结合在一起,保持两种编码技术的优点,尤其是16～8 kbit/s的范围内达到了良好的语音质量。GSM通信网络采用的就是这种语音编码技术。

4. 简述GSM手机开机初始工作流程。

答:(1) 自检模块:对手机中各个芯片和整机电路进行自检。

(2) 搜索模块:搜索无线电信号,调整内部电路的工作频率,同步频率。

(3) 检查模块:检查网络是否与SIM卡一致。

(4) 待机模块:显示各种信号。

5. 画出GSM手机接收电路方框图。

答:

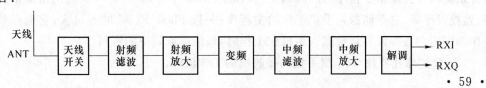

6. 画出 GSM 手机开机初始工作流程。

答：

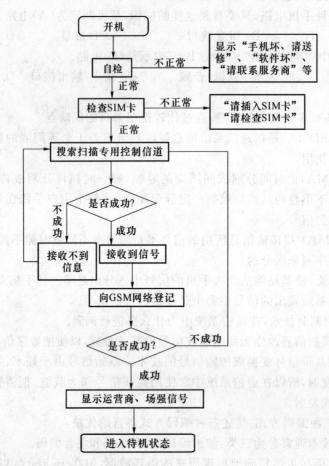

7. 简述手机频率合成器的作用及组成。

答：手机频率合成电路由基准振荡器、鉴相器、低通滤波器、分频器和压控振荡器五部分组成。手机频率合成器的作用是：为接收通路的混频电路和发射通路的调制电路提供接收本振频率和发射载频频率。

8. 简述手机系统逻辑控制部分的作用及组成。

答：(1) 作用：系统逻辑控制部分负责对整个手机的工作进行控制和管理，包括开机操作、定时控制、音频部分控制、射频部分控制，以及外部接口、键盘、显示屏的控制等。

(2) 组成：在手机电路中，以中央处理器(CPU)为核心的控制电路称为系统逻辑电路，它由中央处理器、存储器和总线等组成。

9. 手机中 Flash ROM(版本)的主要功能是什么？

答：它以代码的形式存放手机的基本程序和各种功能程序，即存储手机出厂设置的整机运行系统软件控制指令程序，如开机和关机程序、LCD 字符调出程序、系统网络通信控制程序、监控程序等，它存储的是手机工作的主程序；一般 Flash ROM 的容量大，它也存放中文字库和固定参数等大容量数据。手机在工作时，只能读取其中的资料。

10. 简述摩托罗拉 V60 型手机的接收机的工作流程。

答：从天线接收下来的信号经天线接口 A10 进入机内的接收机电路，经过 A11 开关（外接天线接口或射频转测试接口）进入频段转换及天线开关 U10 的第 16 脚，当 V4(2.75 V) 为高电平时，导通 U10 内的 Q4 开启 GSM/PCS 通道，经过 FL103、FL102 滤波后，进入前端混频放大器 U100。当 V3(2.75 V) 为高电平时，导通 U10 内的 Q3，从而开启 DCS 通道，经过 FL101 滤波后进入前端混频放大器 U100。

注意，GSM、DCS、PCS 这三个通道不能同时工作，它们的转换是逻辑电路输出控制指令，由中频模块 U201 输出 N_DCS_SEL 等信号，再经三频切换电路去控制天线开关 U10 的信号通道。

当手机工作在 GSM 通道时，射频信号(935.2～959.8 MHz)在 U100 内经多级低噪声放大器增益后和来自 RXVCO U300 的本振频率混频，得到 400 MHz 的中频信号后送中频放大电路(以 Q151 为中心)进一步处理。

当 400 MHz 的中频信号经 FL104（中频滤波）和 Q151（中频放大）进入 U201 内部，先进行放大，放大量由 U201 内部 AGC 电路调节，主要依据为此接收信号的强度。接收信号越强，放大量就越少；接收信号越弱，放大量也越多。对中频信号(400 MHz)的解调是利用接收第二本振信号在 U201 芯片内部完成，获得的 RXI、RXQ 信号通过数据总线传输给 CPU700、U700 对其解密、去交织、信道解码等数字处理后，送 U900 再进行解码、放大等，还原出模拟话音信号，一路推动受话器发声，一路供振铃，还有一路供振子。

11. 简述摩托罗拉 V60 型手机三频切换的思路。

答：摩托罗拉 V60 型手机虽然是一款三频手机，但手机在同一时间只能在某一个频段工作，或者为 GSM900 MHz，或者为 DCS1 800 MHz，或者为 PCS1 900 MHz。若需切换频段，则需要操作菜单，然后由 CPU 发出修改指令，修改的重点是射频部分的信号通道。在射频部分，GSM、DCS、PCS 三者最大的区别是：一个是所需的滤波器中心频点和滤除带宽不同，V60 设置了 3 个频段各自的滤波器通道，而开启这个通道的任务由 U10 频段转换及天线开关电路完成；另一个是由于 3 个频段在手机的中频部分要合成一路，而中频频率是靠本振信号和接收的射频信号混频得到的。

12. MSM3100 芯片组是如何构成 CDMA 型手机整机电路的。

答：MSM3100 芯片组是高通公司开发出的第六代 CDMA 芯片组和系统方案，该芯片组主要包括：MSM3100、IFR3000、RFT3100、RFR3100 和电源管理模块 PM1000 共 5 个芯片。

13. 请简述 CDMA 型手机发射功率控制的原理，并具体分析三星 A399 型手机发射功率放大器 U301 的第 3 脚电压不正常故障产生的原因。

答：如图 2-74 三星 A399 型手机功率放大器及功率控制电路所示。

CDMA 手机的功率控制与 GSM 手机的功率控制是不同的。CDMA 蜂窝基站根据所接收到的 CDMA 手机的信号质量与强度，给出 CDMA 手机的控制指令。手机的逻辑电路将控制指令转换成模拟的电压信号，得到功率控制 TX_AGC_ADJ 信号。

当发射机启动时，功放启动控制信号 TCXO_IN 被送到 U300 的 5 脚。V_RFTX 电源经电阻 R304、R307、R309、R312 分压，给 U300 一个初始电压，使 U300 开始工作，给功率放大器提供一个基本的控制信号。

当逻辑电路输出 TX_AG_ADJ 信号时，Q300 开始工作，通过控制 Q300 的集电极、发射极的导通程度来改变 U300 第 3 脚的电压，从而使 U300 第 1 脚的输出电压发生变化，完成功率控制。

14. 手机图纸通常有哪些种类？它们之间的关系是什么？有什么区别？

答：手机图样可分为电路方框图、电路原理图、元件分布图、手机电路板实物图。方框图阐述了手机各功能模块的组成，具有简单、直观、物理概念清晰的特点，是进一步读懂具体原理电路图的重要基础；原理图是手机信号走线的图样；元件分布图直观地反映了手机各元器件的布局；实物图标明了手机电路板的重要测试点的位置、波形、电压和主要元件故障现象，使维修变得更方便。四种图样相辅相成，对于学习手机、理解手机来说缺一不可。

第3章习题及参考答案

一、填空题

1. 示波器的主要部分有<u>示波管</u>、带衰减器的 Y 轴放大器、带衰减器的 X 轴放大器、<u>扫描发生器(锯齿波发生器)</u>、触发同步和电源等。
2. 编程器的基本功能是读、写 IC。主要操作包括<u>选型(选择 IC 型号)</u>、测试(<u>检测 IC 与适配座的接触是否良好</u>)、打开(<u>调出字库或码片资料</u>)、编程(<u>把调出的字库或码片资料写给 IC</u>)、读出(<u>把 IC 上的原资料读出</u>)和保存(<u>把从 IC 中读出的资料保存到电脑硬盘</u>)。
3. 频谱分析仪的校准包括<u>垂直幅度校准</u>和<u>水平频率校准</u>。
4. 手机软件测试按照自动化程度不同可分为<u>手工</u>测试和<u>自动</u>测试。

二、判断题

1. 采用万用表测量手机某电路的电流时,应该将万用表与被测电路并联。(×)
2. 测量电路中的电阻阻值时,应将被测电路的电源切断,如果电路中有电容器,应先将其放电后才能测量。切勿在电路带电情况下测量电阻。(√)
3. 利用 TMC-168E 编程仪给手机的字库芯片下载版本之前,必须将该字库芯片用热风枪等工具取下来才能操作。(√)
4. 利用超能一通编程仪给手机的字库芯片下载版本之前,必须将该字库芯片用热风枪等工具取下来才能操作。(×)
5. 手机有部分测试点因为存在阻抗匹配的问题,不能直接采用安泰 5010 频谱分析仪进行测量,此时如果选用安泰 AZ530-H 高阻抗探头,则对任何射频信号的测试都不会对被测电路有影响。(√)
6. 无论是指针式万用表还是数字式万用表,红表笔都是接万用表内部正极。(×)
7. 通过手机软件测试,可以发现手机软件隐藏的各种程序缺陷,如死机,断言,花屏,乱码等。(√)
8. 按照手机提供的菜单进行测试,如某个(子)菜单的功能实现不了,或是出现异常现象,则定为手机该菜单软件部分有缺陷。(√)

三、选择题

1. 利用 DF3380 频率计测量 GSM 手机 935 MHz 频段内信号时,应选择(B)频段通道。
   A. HF B. UHF
   C. HF、UHF 两者皆可 D. HF、UHF 两者皆不可
2. 两信号分别给示波器的 X 轴和 Y 轴同时各输入正弦信号,调节两信号发生器的输出频率,观察到的利萨如图如下所示。已知 X 轴输入的信号频率为 10 kHz,则 Y 轴信号的频率为(B)Hz。

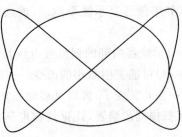

A. 10 k　　　　B. 15 k　　　　C. 6.67 k　　　　D. 30 k

3. 采用示波器测量手机某交流信号时,将探头衰减比置于×10 的位置,垂直偏转因数(V/DIV)置"50 mv/div"位置,所测得波形峰—峰值为 4 格,则有效值电压为(A)V。

A. 2　　　　　B. 0.2　　　　　C. 1　　　　　　D. 4

4. 若信号 A 功率是信号 B 功率 2 倍,那么,信号 A 功率比 B 功率大(B)dB。

A. 2　　　　　B. 3　　　　　　C. 6　　　　　　D. 1

5. 若信号 A 的电压是信号 B 电压的 2 倍,那么,信号 A 电压比 B 电压大(C)dB。

A. 2　　　　　B. 3　　　　　　C. 6　　　　　　D. 1

6. 如果某手机发射功率为 0.1 W,这相当于(C)dBm。

A. −10　　　　B. 10　　　　　C. 20　　　　　D. 30

7. 采用频谱分析仪测量某信号频谱的时候,已知采用 AZ530-H 高阻抗探头,该探头本身有 20 dB(典型值)的衰减,如果读数为 10 dB,则准确的最终数值应为(D)dB。

A. −10　　　　B. 10　　　　　C. 20　　　　　D. 30

8. 诺基亚 N1116 属于(B)系列。

A. DCT3　　　B. DCT4　　　C. WD2　　　　D. BB5

9. 手机开机驻留时延测试属于(C)。

A. 负载测试　　B. 次数相关测试　　C. 时间相关测试　　D. 探索性测试

10. 在一定时间内,测试手机在高负载情况下的性能行为表现属于(A)。

A. 负载测试　　B. 并发业务测试　　C. 待机电流测试　　D. 菜单测试

四、简答题

1. 万用表有哪些基本操作?

答:直流电压测量、交流电压测量、直流电流测量、电阻测量、音频电平测量等。

2. 频率计有哪些基本操作?

答:数字频率计主要用于测量信号频率。

3. 双踪示波器有哪些基本操作?

答:观察各种电信号波形并可测量其电压、时间、相位和频率等参数。

4. 在什么情况下需要对示波器进行校准?如何校准?

答:在经过长时间的使用或者长途运输后,示波器可能需要校准,判断方法为:测量示波器提供的标准方波信号,判断频率和电压是否符合要求,如果不符合,则需要校准。具体校准方法见示波器说明书。

5. 在示波器测试过程中,如果屏幕上显示的信号幅度过小,调节哪个旋钮才能扩大波形?

答:调节 VOLTS/DIV 旋钮。

6. 在示波器测试过程中,如果信号显示波形跑动(或杂乱无章),应调节哪个旋钮才能稳定显示被测信号?

答:输入 Y 轴的被测信号与示波器内部的锯齿波电压是互相独立的。由于环境或其他因素的影响,它们的周期(或频率)可能发生微小的改变。这时,虽然可通过调节扫描旋钮将周期调到整数倍的关系,但过一会儿又变了,波形又移动起来。在观察高频信号时这种问题尤为突出。为此示波器内装有扫描同步装置,让锯齿波电压的扫描起点自动跟着被测信号改变,这就称为整步(或同步)。有的示波器中,需要让扫描电压与外部某一信号同步,因此设有"触发选择"键,可选择外触发工作状态,相应设有"外触发"信号输入端。

7. 在示波器测试过程中,如果屏幕只有一条竖直亮线(示波器良好),如何调整才能正常显示波形?

答:示波器水平扫描没有作用,可以调 X 轴电位器。

8. 频谱分析仪有哪些基本操作?

答:测量信号频率,测量信号幅度。

9. 在什么情况下需要对频谱分析仪进行校准?如何校准?

答:在经过长时间的使用或者长途运输后,频谱分析仪可能需要校准,判断方法为:测量标准信号,判断频率和幅度是否符合要求,如果不符合,则需要校准。校准过程如下:

(1) 垂直幅度校准

在校准之前保证各输入衰减在不衰减位置,信号频谱线峰顶达到最高的一条水平刻线位置时,此信号幅度为 -27 dBm,每下一格减 10 dBm。如果将 40 dB 衰减器全部按下,此时最高水平刻度线幅度为 $+13$ dBm。

在进行校准之前,将输入衰减器⑭置于不衰减位置。在校准之前仪器必须至少有 60 分钟预热。将"视频滤波器"⑪置于断(OFF)。"带宽"⑩置于 400 kHz 以及"扫频宽度"⑮在 2 MHz/格。将电平为 -27 dBm± 0.2 dB(10 mV)的射频信号接到频谱仪输入端⑬。输入信号频率应为 500 MHz,调节中心频率,使其与输入信号频率一致。

A:在屏幕上出现一根 -27 dBm 单谱线。调节"Y 位置"⑫,使最高频谱线处于最上刻线位置。此时,应保持所有输入衰减器都处于不衰减位置。

接下来的这一步骤仅用于维修目的,而非维修目的则不需要进行。仪器内部的 PCB 印制板上有一个 Y-AMPL(幅度)调节按钮。

B:多次来回调节信号源使其输出电平在 -27dBm 与 -77dBm 之间,利用"Y-AMPL(幅度)调节按钮"使谱线峰在屏幕垂直方向变动 5 格。若因此而改变了 Y 位移,则返回重复步骤 A。重复步骤 A 与步骤 B 使达到理想要求。

(2) 水平频率校准

在校准之前保证各输入衰减器⑭在不衰减位置。在进行校准之前 AT5010/11 必须至少预热 60 分钟。"视频滤波器"按钮⑪应当置于 OFF(断)位置,"带宽"⑩必须在 400 kHz,"扫频宽度"⑮设在 100 MHz/格。在将中心频率调到 500 MHz 后,将一个标准信号加到输入端。其输出电平应在噪声上高出 40~50 dB。

C:将信号源频率调到 500 MHz,将 500 MHz 信号峰,用水平位置(X-POS)旋钮⑯将它对准屏幕水平的中心点。

D:将信号源调到 100 MHz 输出。若该 100 MHz 谱线不在左起第 2 格线,则用"X-AMPL"(水平幅度)⑰调整它。需要时重复步骤 C 以使二者都正确。重复调整到满意。

(3) 校准用的信号发生器必须经过计量合格的仪器

10. 如何利用频谱分析仪测量手机(如诺基亚 N95)功放输出信号的频谱?

答:(1) 打开频谱分析仪,调节亮度和聚焦旋钮,使屏幕上显示清晰的图像。

(2) 调节中心频率粗/细调调节旋钮,使频标位于屏幕中心位置,显示屏显示频率值为 900 MHz。

(3) 调节扫频宽度选择按键(SCANWIDTH)按键,使 10 MHz 指示灯亮,表示每格所占频率为 10 MHz。

(4) 将频谱仪外壳与 3310 主板接地点相连,控针插到功放块的输出端,并拨打"112",观察电流表摆动的同时观看频谱仪屏幕上有无脉冲图像,正常情况下,在 900 MHz 频标附近会出现脉冲图像,但幅度会超出屏幕范围,可以按衰减按键,使图像最高点在屏幕范围内。

11. 什么是软件故障?你了解的软件故障维修仪有哪些?各有什么特点?

答:(1) 手机也有软件故障。"锁机"、"输入保密码"、摩托罗拉手机的"话机坏,请送修"、诺基亚手机的"联系供应商(Contact Service)"等许多情况都是由于移动电话本身的软件运行出现问题所致。随着数字移动电话的不断推陈出新,越来越多的移动电话故障都是由于移动电话的软件所致的。对于所有品牌的数字手机来说,几乎 50% 的不开机故障都是由于软件所引起的。软件资料要么在存储器中莫名其妙地丢失,要么是发生错码。除了不开机故障外,常见的软件故障有:手机显示的字符错乱;SIM 卡未被接受;摩托罗拉手机的"请输入八位特别号码";三星手机的开机画面定屏;"请稍等";等等。

(2) 一般的维修软件是针对不同的手机品牌厂商的。对于诺基亚手机,常用的维修仪器有 WinTesla 和 Phoenix。对于三星手机,常用的软件维修仪器有 ToolBox。摩托罗拉的维修仪器较为简单,其手机将一些测试指令内置于机内,只需要一张测试专用的 SIM 卡即可,而这种 SIM 卡现在很便宜,在专业市场上很容易买到。目前市场上推出了将各个手机厂商的维修软件融合一体的维修仪器,几乎兼容所有的手机厂商的所有产品,极大地方便了手机维修人员,常用的仪器有天目通系列(超能一通、新一机通、一线添机)和东海智能王系列等。

12. 拆机手机软件故障维修仪有哪些基本操作?

答:打开文件、保存文件、编辑缓冲区、选择器件型号、代码(检查 IC 脚位)、读出、查空、校验、写入、擦除、加密和配置。

13. 如何利用 TMC-168 读出手机(例如诺基亚 N95)的字库资料并保存?

答:读出并保存一个字库资料的顺序为:选择字库型号、测试并检测 IC 脚位、读出资料到缓冲区、保存资料到硬盘。

14. 免拆机手机软件故障维修仪有哪些基本操作?

答:读出字库,解锁改串,写入字库等。

15. 如何采用超能一通软件维修仪向手机(例如诺基亚 N95)写入版本?

答:过程参见教材"采用超能一通软件维修仪向诺基亚 N1116 手机重写版本"示例。具体从略。

16. 手机软件测试的目的是什么?其重要性体现在哪几个方面?

答:手机软件测试的目的:一切从用户的需求出发,从用户的角度去看手机,用户会怎么去使用手机,用户在使用过程中会遇到什么样的问题。只有这些问题都解决,手机软件的质量才有保证。

(1) 确认软件的质量。一方面需要确认手机软件是否做了用户期望做的事情,另一方面是确认软件是否以正确的方式来做了此事。

(2) 提供反馈信息。提供给手机软件开发人员或程序工程师反馈信息,为风险评估所准备的信息。

(3) 保证整个软件开发过程的高质量。软件测试不仅是在测试软件产品的本身,而且还包括软件开发的过程。如果一个软件产品开发完成之后通过测试发现很多问题,则说明此软件开发过程有缺陷。因此软件测试在整个软件开发过程中是高质量的保证。

手机软件测试的重要性:
(1) 发现手机软件错误;
(2) 有效定义和实现手机软件成分由低层到高层的组装过程;
(3) 验证手机软件是否满足系统所规定的技术要求;
(4) 为手机软件质量模型的建立提供依据。

17. 简述手机软件测试工作的过程。

答:手机测试的过程一般分为测试计划、测试设计、测试开发、测试执行、测试评估五个过程。

18. 手机测试实操工作中应注意的问题是什么?

答:手机软件测试的过程中不免会遇到各种类型的问题。为减少问题的出现,需要测试人员注意以下几点:

(1) 编写测试用例应全面;
(2) 执行测试工作应稳、准、快;
(3) 发现手机程序缺陷应及时上报。

第4章习题及参考答案

一、填空题

1. 按引起手机故障的原因分类,手机故障可以分为<u>菜单设置故障</u>、<u>使用故障</u>和<u>质量故障</u>。
2. 手机的故障按性质不同,可分为<u>硬件故障</u>和<u>软件故障</u>。
3. 手机状态可分为<u>开/关状态</u>、<u>待机状态</u>、<u>工作状态</u> 3 种。
4. 手机的供电方式,常见有<u>稳压管供电</u>、<u>电源 IC 供电</u>以及<u>两者并用</u>三种。
5. 手机键盘电路的常用检查方法<u>电阻法</u>和<u>电压法</u>。
6. 手机显示器正常显示的条件是:显示屏所有的像素都能<u>发光</u>、显示屏上的所有像素都能<u>受控</u>、显示屏要有合适的<u>对比度</u>。
7. 电压测量法主要测量手机的<u>整机供电</u>、<u>接收电路供电</u>、<u>发射电路供电</u>、<u>集成电路的供电</u>是否正常。
8. 处理软件故障一般方法:<u>利用手机指令</u>、<u>利用维修卡</u>、<u>利用配计算机免拆机软件维修仪</u>、<u>利用万用编程器</u>。

二、判断题

1. 虚焊是指手机元器件引脚与印制电路板接触不良。(√)
2. 补焊是指对元器件虚焊的引脚重新加锡焊上的过程。(√)
3. 在手机的屏幕上显示"插 SIM 卡"、"检查 SIM 卡"或"SIM 卡有误"、"SIM 卡已锁"等均属不识卡。(√)
4. 手机故障检修的基本原则之一是:先检查机外,再检查机内。(√)
5. 对手机进行拆装、焊接元器件之前不用关断电源。(×)
6. 手机故障检修前必须接上天线或假负载。(√)
7. 用触摸法检查手机贴片元件时应注意防静电。(√)
8. 在射频电路上可以用飞线法排除断线故障。(×)

三、选择题

1. 卡座与 SIM 卡接触的弹簧片如果变形,会导致(A)故障。
   A. SIM 卡　　　　　　B. SD 卡　　　　　C. USB 接口　　　　D. GPS 接口
2. 以下手机故障检修的基本原则正确的是(C)。
   A. 先维修,再清洗、补焊　　　　　　B. 先进行动态检查,再进行静态检查
   C. 先检查供电电源,再检查其他电路　　D. 先检查复杂故障,再检查简单故障
3. 按手机开机键时电流表无任何电流,故障原因是(A)。
   A. 开机信号断路或电源 IC 不工作　　B. 射频电路不工作
   C. 电源部分有元器件短路　　　　　　D. 功放部分有元器件损坏
4. 手机通电就有几十毫安左右漏电流(不按开机键),故障原因是(C)。
   A. 开机信号断路或电源 IC 不工作
   B. 射频电路不工作
   C. 电源部分有元器件短路

D. 功放部分有元器件损坏

5. 按开机键时电流表指针瞬间达到最大,故障原因是(C D)。

A. 开机信号断路或电源 IC 不工作

B. 射频电路不工作

C. 电源部分有元器件短路

D. 功放部分有元器件损坏

6. 用按压法检查手机不正确的操作是(A)。

A. 用手直接按压 IC
B. 戴手套后按压 IC
C. 戴防静电手套后按压 IC
D. 手拿橡皮按压 IC

7. 用跨接电容法检查高频滤波器好坏时,跨接电容可用(A)左右电容代替。

A. 33 pF
B. 200 pF
C. 0.01 μF
D. 1 μF

8. 下面说法不正确的是(D)。

A. SOP 封装的 IC 容易脱焊

B. 主板薄的手机其反面的元件易出现虚焊

C. 内联座结构的排插易出现接触不良

D. 阻值大的电容和阻值小的电阻容易损坏

四、简答题

1. 简述手机故障分类。

答:按引起手机故障的原因分类,手机故障可以分为菜单设置故障、使用故障和质量故障。手机故障按出现时间的早晚可分为初期故障、中期故障和后期故障。手机的故障按性质不同,可分为硬件故障和软件故障。从手机的故障现象来看其故障,可分为完全不能工作,不能开机,能开机但不能维持开机,能正常开机,但有一部分功能发生故障。从手机机芯来看其故障,可分为:

(1) 供电、充电及电源部分故障;

(2) 逻辑、音频电路故障(包括晶体时钟、I/O 接口、手机软件等故障);

(3) 射频电路故障。

2. 手机的常见故障有哪些?

答:手机不开机故障,手机射频电路故障,手机逻辑、音频电路故障,手机输入/输出电路故障,手机特殊电路故障。

3. 列出手机维修常用的方法,并分别简述它们。

答:(1) 直接观察法与元件代替法;

(2) 清洁法与补焊法;

(3) 电压测量法;

(4) 电流测量法;

(5) 电阻测量法;

(6) 触摸法;

(7) 对比法;

(8) 飞线法;

(9) 短接法;

(10) 按压法；

(11) 跨接电容法；

(12) 信号追踪法。

4. 手机软件故障的实质是什么？

答：手机软件故障的实质就是手机的字库数据出错，或是码片资料出错，维修时只需将手机的系统软件重写或调整数据资料即可。

5. 手机软件故障的常用维修方法有哪几种？请分别简述它们。

答：处理软件故障一般方法：利用手机指令；利用维修卡；利用配计算机免拆机软件维修仪；利用万用编程器。

6. 简述手机的易损部位和手机结构的薄弱点。

答：手机的易损部位：

(1) 设计不合理的地方最易出现故障；

(2) 使用频繁的地方最易出现故障；

(3) 负荷重的地方最易出现故障；

(4) 保护措施不全的地方最易损坏；

(5) 工作环境差的元件易损坏。

手机结构的薄弱点：

(1) 双边引脚的集成电路容易脱焊；

(2) 内联座结构的排插易出现接触不良；

(3) 主机板薄的手机其反面的元件易出现虚焊；

(4) 手机的点接触式结构易出现接触不良；

(5) BGA 封装的 IC 易出现松焊；

(6) 阻值小的电阻和容量大的电容易损坏。

7. 水货手机与山寨手机的识别方法是什么？

答：水货手机识别方法：

(1) 检查手机串号；

(2) 检查进网许可证；

(3) 检查手机电池；

(4) 检查手机包装；

(5) 查看版本信息；

(6) 检查是否为翻新机。

山寨手机的识别方法：

(1) 检查手机品牌；

(2) 检查外结构；

(3) 检查手机质量；

(4) 检查"进网许可"标志；

(5) 检查手机配件；

(6) 查询手机的 IMEI 码，对照手机内部贴着的和外包装盒上的 IMEI 码是否完全一致。

8. 如何用简易的方法启动手机的发射电路?

答:(1) 摩托罗拉手机可用专用的测试卡启动接收或发射电路;

(2) 诺基亚等手机可用专用的维修软件启动接收或发射电路;

(3) 多数手机可通过拨打"112"、"10086"来启动;

(4) 手机开机的过程启动;

(5) 采用人工干预法启动。

9. 什么是手机的指令秘技?

答:所谓手机指令秘技,是指利用手机的键盘,输入操作指令,不需任何检修仪,对手机功能进行测试和程序设定。通过手机指令秘技操作,可以既简单又方便地解决手机软件故障及软件设置错误引起的故障,所以此法可称其为维修软件故障的"秘诀"。因手机型号的不同,其操作方法也有所不同。当然,使用这种方法的前提是手机必须能开机。

10. 简述摩托罗拉手机维修卡的类型和作用。

答:摩托罗拉系列免拆机检修故障可用维修卡有多种 GSM 手机维修卡——测试卡、转移卡和覆盖卡等。

(1). 摩托罗拉测试卡是一种专用的维修测试工具,可对众多摩托罗拉机型进行手机内码查看、解锁、解密、网络跟踪、状态测试以及射频维修辅助检测,能胜任摩托罗拉系列 GSM 手机的人工测试工作,对故障可以直接进行维修是摩托罗拉品牌手机的设计特点,在维修实践中方便、实用。

(2) 摩托罗拉转移卡是摩托罗拉公司的另外一种 SIM 卡形式的维修卡。利用该卡,可以将正常手机中的资料"读"进来,然后,再"写"入故障手机,把故障机中不正确的资料改写成正确的资料。

(3) 摩托罗拉覆盖卡内部包含有 10 种以上的摩托罗拉手机的软件资料,可以直接"写入"故障手机。

11. 如何在未拆机之前,对手机不开机故障进行简单的故障定位?请具体分析。

略。

12. 引起手机不开机的原因有哪些?

答:引起手机不开机的原因有:

(1) 开机线不正常引起的不开机;

(2) 电池供电电路不正常引起的不开机;

(3) 电源 IC 不正常引起的不开机;

(4) 系统时钟和复位不正常引起的不开机;

(5) 逻辑电路不正常引起的不开机;

(6) 软件不正常引起的不开机;

(7) 其他原因引起的不开机。

13. 请叙述手机不开机的检修思路。

答:在维修手机不开机时要结合具体电路具体分析,只要对手机的原理理解正确,思路清楚,不开机故障一般都可以排除。引起手机不开机的故障与下列电路有关:

(1) 手机的电源电路;

(2) 逻辑电路,包括微处理器(CPU)、字库(FLASH)、码片(EEPROM);

(3) 晶体振荡电路。

手机不开机故障一般的维修方法是：根据外接直流电源的整机工作电流进行故障判断：用外接直流电源给手机供电，按开机键或采用单板开机法（对摩托罗拉手机可直接插上尾座供电插座即可），观察电流表的变化，由电流表指针的变化情况来确定故障范围，再进行排除。

14. 对不发射故障应重点检查哪几部分电路？

答：不发射故障应重点检查：

(1) 发射 TXI/Q 调制电路；

(2) 发射 VCO 电路；

(3) 功放电路；

(4) 发射滤波器和天线开关电路。

15. 用哪些方法可以检查和判断语音处理电路是否正常？

答：话音处理电路出现故障，维修相对比较困难。我们知道，手机一般提供两路话音通道，一路使用机内话筒、听筒，另一路通过耳机插座或尾插连接外部话筒和听筒，手机的 CPU 根据耳机检测电路送来的信号选择（切换）相应的话音通道，耳机检测在手机原理图中常用 E1NT_HEADSET（三星）、HEAD—INT（摩托罗拉）等表示，如果检测或切换不正常就会出现故障，如手机使用机内听筒、话筒时，不能正常送话，而使用外接耳机时送话和受话均正常就是典型的例子。当然，话音处理电路局部损坏也会引起这种故障。如果手机使用机内听筒、话筒和外接耳机都无送话，一般来说是话音电路的有关元器件损坏、虚焊或线路断线。维修送话不良故障时，维修人员通常是拨打"112"，待接通后对着话筒吹气，同时听听筒有无反应，这种方法在吵闹环境下效果不明显。另一种试机的方法是装上机壳、插卡，拨打电话，找一个人接听电话或干脆自己一边对着话筒"喂"，一边听被拨打的电话，这种方法的好处是可以了解通话的声音质量，但会浪费电话费。

比较简捷的方法是：拨打"112"，待接通后测话筒正极是否有直流电压。不同手机的电压不同，一般在 1V 以上，若没有电压，则查与 MIC-BAIS 相关的电路，有的话，找一根耳机线，用万用表测耳机插头各环间的电阻，阻值最小的两环就是连接听筒的，将它与手机的听筒输出端连接。拨打"112"，待接通后用镊子点话筒正极，正常手机可在听筒中听到噪声，听不到噪声则查话筒到话音处理电路的有关元器件及线路。对于音频处理电路局部损坏的手机（使用机内听筒、话筒不正常，但使用外接耳机正常），可以人为改变手机话音通道，特别是诺基亚系列，其音频 IC 要与 Flash 资料匹配，音频 IC 不能随意更换。

16. 如何简单判断受话器本身是否有故障？

答：受话电路不正常故障检修时，用示波器测受话器触点的波形（拨打"112"），若没有 2~3V（峰—峰值）的波形，说明受话电路有问题，可重点检查音频处理、放大 IC 及外围小元器件是否正常。

17. 什么是 SIM 卡？什么是 UIM 卡？什么是 PIN 码？

答：SIM 卡是（Subscriber Identity Module，客户识别模块）的缩写，也称为智能卡、用户身份识别卡，GSM 数字移动电话机必须装上此卡方能使用。它在一计算机芯片上存储了数字移动电话客户的信息，加密的密钥以及用户的电话簿等内容，可供 GSM 网络客户身份进行鉴别，并对客户通话时的语音信息进行加密。

UIM卡是用来接入中国电信CDMA网络,是接入网络系统的标识,卡里面存储接入网络必需的数据,如UIM ID、鉴权数据AKY值、IMSI号等。UIM(User Identity Module)用户识别模块。是应用在CDMA One手机的一种智能卡,可插入对应的2G手机以使用移动电话服务。UIM卡的标准化工作由3GPP2(第三代伙伴计划2)负责进行。

PIN码又称个人密码、保密码、个人识别码(PIN码),为4~8位数,用于防止非授权使用或被窃后使用SIM卡,控制进入菜单中的保密项及其他选项。

18. 如何检修手机SIM卡故障?

答:正常的手机开机时,在SIM卡座上可以用示波器测量到SIMVCC、SIMlO、SIM-CLK、SIMRST信号,它们都是一个3V左右的脉冲。若测不到,说明手机卡电路有故障。

19. 手机出现不入网故障,故障原因有哪些?

略。

20. 手机功放电路不正常,应如何进行检测?

答:功放电路工作不正常,一般会引起不入网、无发射、不能打电话、发射关机、发射低电告警等故障。判断功放电路是否正常可采用电流测量法:正常的手机,启动发射电路后,手机的工作电流变化较大,其变化范围应在150 mA左右,若变化很小,一般说明功放没有工作或无供电;若变化很大(超过正常的发射电流),一般说明功放性能不正常。对功放及功控电路应重点检查以下几点:(1)功放的供电;(2)功放的输入和输出信号;(3)功率控制信号。

21. 手机出现送话无声,应如何进行检修?

答:手机的送话故障大多数出现在送话输入电路,话音输入(MIC)与音频放大、音频处理电路常采用可分离式结构(不用焊接),不同的手机采用不同的连接方式。归纳起来主要有以下几种:第一种是直接插入型,例如摩托罗拉V系列等;第二种是导电胶接触型,例如摩托罗拉L系列;第三种是通过连接座连接型,例如三星的部分手机;第四种为滑盖、翻盖型,例如三星、诺基亚部分机型等。

实际维修中,直接插入型很少因接触问题引起送话故障,导电胶接触型和通过连接座连接型就较易因接触不良引起送话故障(无送话、有噪声或送话时有时无),滑盖、翻盖型因其机械结构的特殊性在长时间使用后易出现接触不良或断线,以致引起无送话或送话时有时无。引起导电胶接触型出现送话故障的原因有:导电胶失效、维修时残留的松香污迹覆盖话筒触点、外壳装配不良引起的接触不良(用力压住话筒位置外壳手机能送话,松开无送话)等。对这类故障的检修方法是换导电胶、清洗送话器触点、重装外壳。引起连接座连接型和滑盖、翻盖型手机出现送话故障的原因有:连接座的触片有松香污迹、连接座的触片移位、变形或失去弹性等。对这类故障的检修方法是清洗连接座的触片,用比较尖细的缝衣针将触片挑起或校正,如果连接座严重变形就需要更换。需要说明的是,送话器有正负极之分,在维修时应注意,如极性接反,则送话器不能输出信号。

22. 用哪些方法可以检查和判断语音处理电路是否正常?

答:比较简捷的方法是:拨打"112",待接通后测话筒正极是否有直流电压。不同手机电压不同,一般在1V以上,若没有,则查与MIC-BAIS相关的电路,有的话,找一根耳机线,用万用表测耳机插头各环间的电阻,阻值最小的两环就是连接听筒的,将它与手机的听筒输出端连接。拨打"112",待接通后用镊子点话筒正极,正常手机可在听筒中听到噪声,听不到噪声则查话筒到话音处理电路的有关元件及线路。对于音频处理电路局部损坏的手机(使用机内听筒、话筒不正常,但使用外接耳机正常),可以人为改变手机话音通道,特别是诺基亚系列,其音频IC要与Flash资料匹配,音频IC不能随意更换。

23. 手机显示屏出现"请插入SIM卡"的显示时,应如何进行故障的检测?

答:正常的手机开机时,在SIM卡座上可以用示波器测量到SIMVCC、SIMl0、SIMCLK、SIMRST信号,它们都是一个3 V左右的脉冲。若测不到,说明手机卡电路有故障。卡电路故障的主要原因有以下几个方面:

(1) SIM卡座接触不良;

(2) SIM卡座周围元件有虚焊,使得数据信号、时钟信号不能正常传送,CPU便误认为没有放入SIM卡;

(3) 软件有故障。

参考文献

[1] 董兵.手机检测与维修[M].北京:北京邮电大学出版社,2010.
[2] 陈子聪.手机原理及维修教程[M].北京:机械工业出版社,2007.
[3] 刘建清.GSM手机维修基础经典教程[M].北京:人民邮电出版社,2007.
[4] 张兴伟.精解摩托罗拉手机电路原理与维修技术[M].北京:人民邮电出版社,2007.
[5] 陈功全.手机维修实训教程[M].广东:广东金诺电子科技有限公司,2008.
[6] 张兴伟.彩屏手机电路原理与维修[M].北京:人民邮电出版社,2003.
[7] 张兴伟.彩信手机电路原理与维修(一)[M].北京:人民邮电出版社,2004.
[8] 张兴伟.彩信手机电路原理与维修(二)[M].北京:人民邮电出版社,2004.
[9] 陈良.手机原理与维护[M].西安:西安电子科技大学出版社,2004.
[10] 金明,陈子聪.电话机和手机维修实训教程[M].南京:东南大学出版社,2004.
[11] 张兴伟.常用手机射频维修软件使用手册[M].北京:人民邮电出版社,2006.
[12] 李波勇.手机维修软件的使用与操作[M].北京:国防工业出版社,2008.

参考文献

[1] 龚沛曾.大学计算机基础教程[M].5版.北京:高等教育出版社,2010.
[2] 张克敏.汇编语言及接口技术[M].北京:科学出版社,2007.
[3] 刘彦文.GSM 系统原理及网络优化[M].北京:人民邮电出版社,2007.
[4] 龚米生.高清数字电视广播原理·接收·测量技术[M].北京:人民邮电出版社,2007.
[5] 陶勤之.电机及拖动基础[M].广州:广东高等教育出版社,1995.
[6] 张承模.无线接收机原理及应用[M].10版.人民邮电出版社,2005.
[7] 吴大正.信号与线性系统分析[M].北京:人民邮电出版社,2004.
[8] 郑君里.通信电路原理[M].未来:人民邮电出版社,2001.
[9] 冯飞.下一代网络与软交换[M].西安:西北大学出版社,2007.
[10] 金聪.数字图像处理[M].武汉:华南大学出版社,2007.
[11] 李洪成.高等学校计算机辅助设计规划[M].北京:人民邮电出版社,2008.
[12] 李瑞芳.手机维修技术图文详解[M].北京:国防工业出版社,2008.